观赏植物百科

主　编　赖尔聪 / 西南林业大学

副主编　孙卫邦 / 中国科学院昆明植物研究所昆明植物园

石卓功 / 西南林业大学林学院

中国建筑工业出版社

图书在版编目（CIP）数据

观赏植物百科2／赖尔聪主编. —北京：中国建筑工业出版社，2013.10
ISBN 978-7-112-15805-8

Ⅰ.①观… Ⅱ.①赖… Ⅲ.①观赏植物—普及读物 Ⅳ.①S68-49

中国版本图书馆CIP数据核字（2013）第210058号

多彩的观赏植物构成了人类多彩的生存环境。本丛书涵盖了3237种观赏植物（包括品种341个），按"世界著名的观赏植物"、"中国著名的观赏植物"、"常见观赏植物"、"具有特殊功能的观赏植物"和"奇异观赏植物"等5大类43亚类146个项目进行系统整理与编辑成册。全书具有信息量大、突出景观应用效果、注重形态识别特征、编排有新意、实用优先等特点，并集知识性、趣味性、观赏性、科学性及实用性于一体，图文并茂，可读性强。本书是《观赏植物百科》的第2册，主要介绍常见观赏植物。

本书可供广大风景园林工作者、观赏植物爱好者、高等院校园林园艺专业师生学习参考。

责任编辑：吴宇江
书籍设计：北京美光设计制版有限公司
责任校对：王雪竹　刘　钰

观赏植物百科2

主　编　赖尔聪／西南林业大学
副主编　孙卫邦／中国科学院昆明植物研究所昆明植物园
　　　　石卓功／西南林业大学林学院

＊
中国建筑工业出版社出版、发行（北京西郊百万庄）
各地新华书店、建筑书店经销
北京美光设计制版有限公司制版
北京方嘉彩色印刷有限责任公司印刷
＊
开本：787×1092毫米　1/16　印张：18 ½　字数：360千字
2016年1月第一版　2016年1月第一次印刷
定价：120.00元
ISBN 978－7－112－15805－8
　　　　（24551）

《观赏植物百科》编委会

顾　　问：　郭荫卿

主　　编：　赖尔聪

副 主 编：　孙卫邦　石卓功

编　　委：　赖尔聪　孙卫邦　石卓功　刘　敏（执行编委）

编写人员：　赖尔聪　孙卫邦　石卓功　刘　敏　秦秀英　罗桂芬
　　　　　　牟丽娟　王世华　陈东博　冯　石　吴永祥　谭秀梅
　　　　　　万珠珠　李海荣

参编人员：　魏圆圆　罗　可　陶佳男　李　攀　李家祺　刘　嘉
　　　　　　黄　煌　张玲玲　杨　刚　康玉琴　陈丽林　严培瑞
　　　　　　高娟娟　王　超　冷　宇　丁小平　王　丹　黄泽飞

序

国人先辈对有观赏价值植物的认识早有记载，"桃之夭夭，灼灼其华"（《诗经·周南·桃夭》），描述桃花华丽妖艳，淋漓尽致。历代文人，咏花叙梅的名句不胜枚举。近现代，观赏植物成为重要的文化元素，是城乡建设美化环境的主要依托。

众所周知，城市景观、河坝堤岸、街道建设、人居环境等均需要园林绿化，自然离不开各种各样的观赏植物。大到生态环境、小到居家布景，观赏植物融入生产、生活的方方面面。已有一些图著记述观赏植物，大多是区域性或专类性的，而涵盖全球、涉及古今的观赏植物专著却不多见。

《观赏植物百科》的作者，在长期的教学和科研中，以亲身实践为基础，广集全球，遍及中国古今，勤于收集，精心遴选3237种（包括品种341个），按"世界著名的观赏植物"、"中国著名的观赏植物"、"常见观赏植物"、"具有特殊功能的观赏植物"和"奇异观赏植物"5大类43亚类146个项目进行系统整理并编辑成册。具有信息量大，突出景观应用效果，注重形态识别特征，编排有新意，实用优先等特点，集知识性、趣味性、观赏性、科学性及实用性于一体，号称"百科"，不为过分。

《观赏植物百科》图文相兼，可读易懂，能广为民众喜爱。

中国科学院院士　吴征镒

2012年10月19日于昆明

前言

　　展现在人们眼前的各种景色叫景观，景观是自然及人类在土地上的烙印，是人与自然、人与人的关系以及人类理想与追求在大地上的投影。就其形成而言，有自然演变形成的，有人工建造的，更多的景观则是天人合一而成的。就其规模而言，有宏大的，亦有微小的。就其场地而言，有室外的，亦有室内的。就其时间而言，有漫长的演变而至，亦有瞬间造就而成，但无论是哪一类景观，其组成都离不开植物。

　　植物是构成各类景观的重要元素之一，它始终发挥着巨大的生态和美化装饰作用，它赋景观以生命，这些植物统称观赏植物。

　　观赏植物种类繁多，姿态万千，有木本的，有草本的；有高大的，有矮小的；有常绿的，有落叶的；有直立的，有匍匐的；有一年生的，有多年生的；有陆生的，有水生的；有"自力更生"的，亦有寄生、附生的；还有许多千奇百怪、情趣无穷的。确实丰富多彩，令人眼花缭乱。

　　多彩的观赏植物构成了人类多彩的生存环境。随着社会物质文化生活水平的提高，人们对自身生存环境质量的要求也不断提高，植物的应用范围、应用种类亦不断扩大。特别是随着世界信息、物流速度的加快，无数植物的"新面孔"不断地涌入我们的眼帘，进入我们的生活。这是什么植物？有什么作用？一个又一个问题困惑着人们，常规的教材已跟不上飞快发展的现实，知识需要不断地补充和更新。

　　为实现恩师郭荫卿教授"要努力帮助更多的人提高植物识别、应用和鉴赏能力"的遗愿，我坚持了近10年时间，不仅走遍了中国各省区的名山大川，包括香港、台湾，还到过东南亚、韩国、日本及欧洲13个国家。将自己有幸见过并认识的3000多种植物整理成册，献给钟爱植物的朋友，并与大家一同分享识别植物的乐趣。

　　3000多种虽只是多彩植物长河中的点点浪花，但我相信会让朋友们眼界开阔，知识添新，希望你们能喜欢。

　　为使读者快捷地各取所需，本书以观赏植物的主要功能为脉络，用人为分类的方法将3237种（含341个品种）植物分为5大类、43亚类、146项目编排，在同一小类及项目中，原则上按植物拉丁名的字母顺序排列。拉丁学名的异名中，属名或种加词有重复使用时，一律用缩写字表示。

　　本书附有7个附录资料、3种索引，供不同要求的读者查寻。

　　编写的过程亦是学习的过程，错误和不妥在所难免，愿同行不吝赐教。

赖尔聪

2012年5月1日

目录

$\mathcal{3}$ 常见观赏植物

3

常见观赏植物

这里收集了常见的观花树木、观叶树木、观果植物、叶花果皆美的树木、观姿观干及观根的树木、观赏针叶树、观赏阔叶树、观赏棕榈类植物、观赏竹、观赏蔓生及藤蔓类植物、观赏篱植及造型植物、一二年生花卉、宿根花卉、球根花卉、多浆肉质植物、兰科植物、水生湿地观赏植物、观赏蕨类植物、地被植物等19类2160种常见的观赏植物。

574	白碧桃（千瓣白桃） *Amygdalus persica* 'Albo-Plena' (*Prunus p. f. a.-p.*)	蔷薇科	桃属
		落叶灌木或小乔木	

原种产中国

喜光；喜温暖，生长适温15～26℃；耐旱

575	碧桃 *Amygdalus persica* 'Duplex' (*Prunus p. f. d.*)	蔷薇科	桃属
		落叶灌木或小乔木	

原种产中国

喜光；喜温暖，生长适温15～26℃；耐旱

| 576 | **二乔碧桃**（花碧桃、洒红桃、洒金碧桃、朋桃） | 蔷薇科 | 桃属 |
| | *Amygdalus persica* f. *versicolor* (*Prunus pe.* f. *v., P. pe.* 'Sahongtao') | 落叶灌木或小乔木 | |

原种产中国

喜光；喜温暖，生长适温15～26℃；耐旱

| 577 | **红碧桃** | 蔷薇科 | 桃属 |
| | *Amygdalus persica* 'Rubro-plena' (*A. pe.* f. *r.-p., Prunus pe.* f. *r.-p.*) | 落叶灌木 | |

原种产中国

喜光；喜温暖，生长适温15～26℃；耐旱

| 578 | **复瓣榆叶梅** | 蔷薇科 | 桃属 |
| | *Amygdalus triloba* f. *multiplex* (*Prunus t. f. m.*) | 落叶灌木 | |

原种产中国北部
喜光；耐寒，生长适温15～24℃；耐旱；耐碱

| 579 | **重瓣榆叶梅** | 蔷薇科 | 桃属 |
| | *Amygdalus triloba* f. *plena* (*Prunus t. f. pl.*, *P. t.* 'Pl.', *P. t.* var. *pl.*) | 落叶灌木 | |

原种产中国北部
喜光；耐寒，生长适温15～24℃；耐旱；耐碱

580	**黄花番茉莉**（鸳鸯茉莉）	茄科	番茉莉属
	Brunfelsia manaca（B. cukrugata）	常绿灌木	

原产南美

喜光；喜高温湿润

581	**虾夷花**（虾衣花、狐尾木、麒麟吐珠）	爵床科	虾夷花属
	Callispidia guttata（Beloperone g., Justicia brandegeana）	常绿亚灌木	

原产墨西哥

喜光，亦耐半阴；喜高温，生育适温20～30℃

582	山茶—白洋（白秧山茶）	山茶科	山茶属
	Camellia japonica 'Alba-plena' (*C. j.* var. *a. -p.*)	常绿灌木	

原产中国、日本、朝鲜半岛

喜半阴；喜温暖湿润，生长适温15～25℃，能耐－11℃低温；喜酸性土

583	山茶—白十八学士	山茶科	山茶属
	Camellia japonica 'Baishibaxueshi'	常绿灌木	

我国浙江育成

喜半阴；喜温暖湿润，生长适温18～25℃，能耐－10℃低温；喜酸性土

| 584 | 山茶—花贝拉 | 山茶科 | 山茶属 |
| | *Camellia japonica* 'Beila Rosse Var' | 常绿灌木 | |

我国浙江育成

喜半阴；喜温暖湿润，生长适温18～25℃，能耐-10℃低温；喜酸性土

| 585 | 山茶—黑魔法 | 山茶科 | 山茶属 |
| | *Camellia japonica* 'Black Magic' | 常绿灌木 | |

我国浙江育成

喜半阴；喜温暖湿润

山茶—鲍勃
Camellia japonica 'Bob Hope'

山茶科	山茶属
常绿灌木	

美国培育
喜半阴；喜温暖湿润

山茶—彩丹
Camellia japonica 'Caidan'

山茶科	山茶属
常绿灌木	

栽培品种
喜半阴；喜温暖湿润

观
花
树
木

588	**山茶—黄达** *Camellia japonica* 'Dahlohnega'	山茶科	山茶属
		常绿灌木	

栽培品种

喜半阴；喜温暖湿润

589	**山茶—大吉祥** *Camellia japonica* 'Dajixiang'	山茶科	山茶属
		常绿灌木	

我国浙江培育

喜半阴；喜温暖湿润，生长适温
18～25℃，能耐-10℃低温；喜酸性土

590	**山茶—心愿** *Camellia japonica* 'Desire'	山茶科	山茶属
		常绿灌木	

栽培品种
喜半阴；喜温暖湿润

591	**山茶—休斯富豪** *Camellia japonica* 'Elsie Hughes'	山茶科	山茶属
		常绿灌木	

栽培品种
喜半阴；喜温暖湿润

592 山茶—尼古拉大帝
Camellia japonica 'Empereur Nicolas'

山茶科	山茶属
常绿灌木	

栽培品种
喜半阴；喜温暖湿润

593 山茶—狂想曲
Camellia japonica 'Exiravaganza'

山茶科	山茶属
常绿灌木	

栽培品种
喜半阴；喜温暖湿润

594	**山茶—绯爪芙蓉** *Camellia japonica* 'Feizhua Furong'	山茶科	山茶属
		常绿灌木	

栽培品种
喜半阴；喜温暖湿润

595	**山茶—粉丹** *Camellia japonica* 'Fendan'	山茶科	山茶属
		常绿灌木	

栽培品种
喜半阴；喜温暖湿润

596　山茶—粉十八学士

Camellia japonica 'Fenshibaxueshi'

山茶科	山茶属
常绿灌木	

我国浙江培育

喜半阴；喜温暖湿润，生长适温
18～25℃，能耐-10℃低温；喜酸性土

597　山茶—火爆布

Camellia japonica 'Fire Fall'

山茶科	山茶属
常绿灌木	

栽培品种

喜半阴；喜温暖湿润

<table>
<tr><td>598</td><td>

山茶—花仙子
Camellia japonica 'Flowerwood'

</td><td>山茶科</td><td>山茶属</td></tr>
<tr><td></td><td></td><td colspan="2">常绿灌木</td></tr>
</table>

栽培品种
喜半阴；喜温暖湿润

<table>
<tr><td>599</td><td>

山茶—云斑大元帅
Camellia japonica 'Grand Marshal Var'

</td><td>山茶科</td><td>山茶属</td></tr>
<tr><td></td><td></td><td colspan="2">常绿灌木</td></tr>
</table>

栽培品种
喜半阴；喜温暖湿润

观花树木

山茶—红十八学士

600

Camellia japonica 'Hongshibaxueshi'

山茶科	山茶属
常绿灌木	

我国浙江培育

喜半阴；喜温暖湿润，生长适温18～25℃，能
耐-10℃低温；喜酸性土

山茶—乔伊肯德里克

601

Camellia japonica 'Jay Kendrick'

山茶科	山茶属
常绿灌木	

栽培品种

喜半阴；喜温暖湿润

山茶—金华美女
Camellia japonica 'Jinhuachua Meinv'

山茶科	山茶属
常绿灌木	

栽培品种
喜半阴；喜温暖湿润

603

山茶—金奖牡丹
Camellia japonica 'Jinjiang Mudan'

山茶科	山茶属
常绿灌木	

栽培品种
喜半阴；喜温暖湿润

观
花
树
木

604	**山茶—牡丹王** *Camellia japonica* 'King's Peony'	山茶科	山茶属
		常绿灌木	

栽培品种

喜半阴；喜温暖湿润

605	**山茶—克瑞墨大牡丹** *Camellia japonica* 'Kramer's Supreme'	山茶科	山茶属
		常绿灌木	

日本培育

喜半阴；喜温暖湿润

606	**山茶—黑椿** *Camellia japonica* 'Kuro Tsubaki'	山茶科	山茶属
		常绿灌木	

日本培育

喜半阴；喜温暖湿润

607	**山茶—六角大红** *Camellia japonica* 'Liujiao Dahong'	山茶科	山茶属
		常绿灌木	

栽培品种

喜半阴；喜温暖湿润

山茶—龙火珠
Camellia japonica 'Longhuozhu'

608

山茶科	山茶属
常绿灌木	

栽培品种

喜半阴；喜温暖湿润

山茶—利贝卡
Camellia japonica 'Miss Rebecca'

609

山茶科	山茶属
常绿灌木	

栽培品种

喜半阴；喜温暖湿润

610	**山茶—贝拉大玫瑰** *Camellia japonica* 'Nuccio's Beilla Rossa'	山茶科	山茶属
		常绿灌木	

栽培品种

喜半阴；喜温暖湿润

611	**山茶—飞利浦** *Camellia japonica* 'Philippa Ifould' (*C. j.* 'Philipapaifould')	山茶科	山茶属
		常绿灌木	

产澳大利亚

喜半阴；喜温暖湿润

山茶—普陀紫光
612
Camellia japonica 'Putuo Ziguang'

山茶科	山茶属
常绿灌木	

我国浙江育成

喜半阴；喜温暖湿润，生长适温
18～25℃，能耐-10℃低温；喜酸性土

山茶—飘柔
613
Camellia japonica 'Softly'

山茶科	山茶属
常绿灌木	

栽培品种

喜半阴；喜温暖湿润

614	山茶—松花片	山茶科	山茶属
	Camellia japonica 'Songhuapian'	常绿灌木	

栽培品种
喜半阴；喜温暖湿润

615	山茶—锦楼春	山茶科	山茶属
	Camellia japonica 'Splendid Spring'	常绿灌木至小乔木	

引自我国四川
喜半阴；喜温暖湿润，生长适温18～25℃，能
耐-10℃低温；喜酸性土

616 山茶—醉杨妃
Camellia japonica 'Stoned Yangfei'

山茶科	山茶属
常绿灌木	

我国浙江育成
喜半阴；喜温暖湿润

617 山茶—复色情人节
Camellia japonica 'Valentine Day Var'

山茶科	山茶属
常绿灌木	

栽培品种
喜半阴；喜温暖湿润

618

山茶—娃丽娜深
Camellia japonica 'Valley Knudsen'

山茶科	山茶属
常绿灌木	

栽培品种
喜半阴；喜温暖湿润

619

山茶—情人节
Camellia japonica 'Velentine Day'

山茶科	山茶属
常绿灌木	

栽培品种
喜半阴；喜温暖湿润

山茶—维斯通
620
Camellia japonica 'Weisitong'

山茶科	山茶属
常绿灌木	

栽培品种
喜半阴；喜温暖湿润

山茶—小桃红
621
Camellia japonica 'Xiaotaohong'

山茶科	山茶属
常绿灌木	

栽培品种
喜半阴；喜温暖湿润

山茶—鸳鸯凤冠
Camellia japonica 'Yuanyang Fengguan'

山茶科	山茶属
常绿灌木	

栽培品种
喜半阴；喜温暖湿润

山茶—玉玫瑰
Camellia japonica 'Yu Meigui'

山茶科	山茶属
常绿灌木	

栽培品种
喜半阴；喜温暖湿润

观花树木

624 山茶—玉盘金华
Camellia japonica 'Yupan Jinhua'

山茶科	山茶属
常绿灌木	

栽培品种
喜半阴；喜温暖湿润

625 美洲茶
Ceanothus americanus

鼠李科	美洲茶属
落叶灌木	

原产美洲
喜光；喜温暖湿润

重瓣郁李（南郁李） 蔷薇科 樱属

Cerasus japonica var. *kerii*（*Prunus j.* var. *k.*） 落叶小灌木

原产中国
喜光；喜温暖，生育适温15～26℃；耐旱，
耐水湿

日本晚樱（里樱、大山樱） 蔷薇科 樱属

Cerasus lannesiana（*C. serrulata* var. *l., Prunus l., P. donarium*） 落叶乔木

原产日本
喜光；喜温暖，生育适温10～22℃，耐寒；耐旱

观
花
树
木

628	**重瓣樱花** *Cerasus serrulata* 'Serrulata'	蔷薇科	樱属
		落叶乔木	

原产中国

喜光；稍耐寒，生育适温15～23℃；耐旱

629	**东京樱花**（日本樱花、江户樱花、樱花） *Cerasus yedoensis (Prunus y.)*	蔷薇科	樱属
		落叶乔木	

原产日本

喜光；较耐寒，生育适温10～22℃；不耐旱

630

翠绿东京樱花

Cerasus yedoensis var. *nikaii* (*Prunus y.* var. *n.*)

蔷薇科　樱属
落叶乔木

原产日本
喜光；较耐寒，生育适温10～23℃；不耐旱

631

白花紫荆

Cercis chinensis 'Alba' (*C. ch.* var. *a.*)

苏木科　紫荆属
落叶灌木

原产中国
喜光；有一定耐寒性；忌积水

632	重瓣贴梗海棠（重瓣木瓜海棠） *Chaenomeles speciosa* 'Rosea Plena' (*Ch. s.* 'Plena')	蔷薇科	木瓜属
		落叶灌木	

原产中国、日本、印度、马来西亚

喜光；喜温暖至高温，生育适温20～28℃

633	赪桐（红花臭牡丹、状元红、绯桐、贞桐花） *Clerodendrum japonicum*	马鞭草科	赪桐属
		常绿或半常绿灌木	

原产日本

喜光；较耐寒，生育适温10～22℃；不耐旱

634	**玫红檵木** *Loropetalum chinense* 'Roseum'	金缕梅科	檵木属
		常绿灌木	

我国湖南选育

喜光，耐半阴；喜温暖至冷凉，生育适温
15～25℃

635	**灰岩蜡瓣花** *Corylopsis calcicola*	金缕梅科	蜡瓣花属
		落叶灌木	

原产中国，分布于云南东北

喜光，亦耐阴；喜温暖，较耐寒

观
花
树
木

636

穗状蜡瓣花
Corylopsis spicata

金缕梅科　蜡瓣花属
落叶灌木

原产我国南部
喜光，耐半阴；喜温暖湿润；不耐旱；喜酸性
土壤

637

金边瑞香（金边睡香、瑞兰）
Daphne odora 'Aureo-marginata' (*D. o.* 'M.', *D. o.* f. *m.*, *D. o.* var. *m.*)

瑞香科　瑞香属
常绿小灌木

原产中国、日本
喜阴；耐寒性差，生育适温18～28℃；喜酸性
土壤

| 638 | **香港四照花**（山荔枝） | 山茱萸科 | 四照花属 |
| | *Dendrobenthamia hongkongensis (Cornus h.)* | 常绿小乔木或灌木 | |

产我国中南、华南
喜光；喜温暖湿润

| 639 | **四照花—中国女孩**
Dendrobenthamia kousa 'China Girl'
(*Cornus k.* 'Ch. G.', *C. k. var. chinensis*) | 山茱萸科 | 四照花属 |
| | | 常绿乔木 | |

原产中国、朝鲜半岛、日本
喜光；喜温暖湿润

640	**绯红四照花** *Dendrobenthamia kousa* 'Satomi' (*Cornus k.* 'S.')	山茱萸科	四照花属
		常绿乔木	

原产中国、朝鲜半岛、日本
喜光；喜温暖湿润

摄于美国麻省理工学院

641	**四照花** *Dendrobethamia rutgersensis* (*Cornus* × *rutgersensis* 'Ruth Ellen')	山茱萸科	四照花属
		落叶乔木	

摄于哈佛大学

栽培品种
喜光；喜温暖湿润

摄于美国白宫前

越南四照花（越南鸡嗉子、越南山茱萸）　　山茱萸科　四照花属

Dendrobenthamia tonkinensis（*Cornus t.*）　　常绿小乔木

产我国云南南部、越南

喜光，稍耐阴；喜温暖至高温；耐旱

643　**红萼倒挂金钟**　　柳叶菜科　倒挂金钟属

Fuchsia fulgens 'Cupido'　　丛生亚灌木

原产南美

喜光；喜温暖，不耐寒

644

白萼倒挂金钟
Fuchsia fulgens 'Era Boerg' (*E. f.* 'Deutsche Perle')

柳叶菜科　倒挂金钟属
丛生亚灌木

原产南美
喜光；喜温暖，不耐寒

645

倒挂金钟（吊钟海棠、灯笼海棠、吊钟花、灯笼花）
Fuchsia hybrida (*F. speciosa*)

柳叶菜科　倒挂金钟属
落叶或常绿小灌木

亲本原产中、南美洲
喜光；喜冷凉至温暖，生长适温15～20℃

杂交倒挂金钟（吊灯花、灯笼花）品种群
Fuchsia hybrida 'Group'

柳叶菜科　倒挂金钟属

丛生亚灌木

原产南美

喜光；喜温暖，不耐寒

观花树木

653 白鹃梅（茧子花、金瓜果）
Exochorda racemosa

蔷薇科　白鹃梅属
落叶灌木

产我国华中、华东
喜光，耐半阴；喜温暖湿润，生育适温16～26℃

654 冬红（杯盘花、阳伞花、帽子花）
Holmskioldia sanguinea（H. rubra）

马鞭草科　冬红属
常绿灌木

原产喜马拉雅山南坡至马来西亚
喜光；喜高温湿润，生育适温23～32℃

655　帚状细子木（新西兰茶、澳洲茶树、银树）[松红梅]　桃金娘科　细子木属

Leptospermum scoparium　常绿小灌木

原产新西兰、澳大利亚
喜光；喜温暖湿润，生长适温18～25℃；较耐旱

656　日本辛夷（黄玉兰）　木兰科　木兰属

Magnolia kobus　落叶乔木

中国有栽培
喜光，亦耐半阴；喜温暖湿润

657	**紫玉兰**（木兰、辛夷、木笔）	木兰科	木兰属
	Magnolia liliflora	落叶大灌木或小乔木	

产我国云南、四川、湖北等地

喜光；喜温暖湿润，生育适温15～25℃；忌干
燥，忌积水；忌碱土

658	**红运玉兰**	木兰科	木兰属
	Magnolia soulangeana 'Red' (*M.* 'Hong yun')	落叶小乔木或灌木	

二乔玉兰的亚变种

喜光，亦耐半阴；喜温暖湿润，生育适温
15～19℃；耐旱

朱砂玉兰（二乔玉兰、二乔木兰）

Magnolia soulangeana (M. denudata × M. liliflora)

木兰科　　木兰属

落叶乔木或灌木

白玉兰与紫玉兰的杂交种，产中国

喜光，亦耐半阴；喜温暖湿润，生育适温
15～18℃；耐旱

观花树木

660 **白千层**（白树、白布树、纸皮树、脱皮树）

桃金娘科	白千层属
常绿乔木	

Melaleuca leucodendra（*M. cajuputi, M. quinquenervia*）

原产马来群岛、印度、澳大利亚
喜光；喜高温，生长适温22～30℃；喜潮湿，
亦耐干燥

661 **石灰含笑**（灰岩含笑）

木兰科	含笑属
常绿乔木	

Michelia calcicola

分布我国云南、广西
喜光，耐半阴；喜温暖湿润；喜微酸性土壤

662	乐昌含笑		木兰科	含笑属
	Michelia chapensis（M. tsoi）		常绿乔木	

产我国江西、湖南、广东、广西
喜光，亦耐阴；喜温暖湿润；耐旱

663	紫花含笑		木兰科	含笑属
	Michelia crassipes		常绿灌木或小乔木	

产我国江西、湖南、广东、广西
喜半阴；喜温暖湿润，不耐寒；喜酸性土

观花树木

664

多花含笑
Michelia floribunda

木兰科	含笑属
常绿小乔木	

产我国西南、缅甸

喜光，亦耐半阴；喜温暖至高温；喜湿润，昆明地区
冬季亦开花

665

白花泡桐（泡桐、花桐、白桐）
Paulownia fortunei

玄参科	泡桐属
落叶乔木	

产我国长江流域以南各省

喜光，稍耐阴；喜温暖，生育适温16～28℃；
耐旱

666	**紫花泡桐**（毛泡桐）	玄参科	泡桐属
	Paulownia tomentosa（*P. imperialis*）	落叶乔木	

产中国

喜光，稍耐阴；喜温暖湿润，生育适温
16～26℃；耐旱

667～669	**紫斑牡丹品种群**	芍药科	芍药属
	Paeonia papaveracea Group	落叶亚灌木	

我国甘肃培育

喜光，亦耐阴；喜冷凉湿润；忌积水，忌干燥

千堆雪 *P. pap*. 'Qian Dui Xue'

赤心 *P. pap*. 'Chi Xin'

同心同德 *P. pap*. 'Tong Xin Tong De'

小黄雀儿（小金雀花）

Priotropis cytisoides 'Pumila'

蝶形花科　黄雀儿属

常绿半灌木

春

花

原产我国云南

喜光，亦稍耐阴；喜温暖湿润，亦耐旱

671　白花重瓣麦李（小桃白）

Prunus glandulosa f. *albo-plena* (*P. g.* 'Alboplena')

蔷薇科　　李属
落叶灌木

产中国
喜光；喜冷凉至温暖湿润，生育适温15～26℃；
耐旱

672　欧李

Prunus humilis

蔷薇科　　李属
落叶矮小灌木

产我国东北、华北各地
喜光；喜冷凉湿润，耐寒，生育适温15～26℃；
耐干旱瘠薄

| 673 | 鸡麻（白棣棠）
Rhodotypos scandens | 蔷薇科 | 鸡麻属 |
| | | 落叶灌木 | |

产我国华东、华中，日本亦有

喜光，稍耐阴；喜温暖湿润，生育适温
15～25℃；耐旱

| 674 | 香茶藨子（黄花茶藨子）
Ribes odoratum | 茶藨子科 | 茶藨子属 |
| | | 落叶灌木 | |

原产美国中部

喜光，稍耐阴；喜冷凉至温暖，生育适温
15～24℃

675	**欧丁香**（洋丁香、法国丁香）	木樨科	丁香属
	Syringa vulgaris	落叶灌木	

原产东南欧
喜光，喜温暖湿润

摄于美国哈佛大学

676	**蝴蝶荚蒾**（蝴蝶戏珍珠）	忍冬科	荚蒾属
	Viburnum tomentosum（V. plicatum f. t.）	落叶灌木	

分布我国湖北、四川及华东一带
喜光，亦耐阴；喜温暖湿润；忌干燥

红王子锦带
Weigela florida 'Red Prince'

677

忍冬科	锦带花属
落叶灌木	

栽培品种，由美国引入

喜光；喜温暖湿润，生育适温12～22℃；耐干
旱瘠薄

花叶锦带
Weigela florida 'Variegata'

678

忍冬科	锦带花属
落叶灌木	

原产中国、朝鲜半岛、日本及俄罗斯

喜光；喜温暖湿润，生育适温12～22℃；耐干
旱瘠薄

679	小叶六道木 *Abelia parvifolia*	忍冬科	六道木属
		落叶灌木	

产我国西南部

喜光，亦耐阴；喜冷凉湿润；耐干旱瘠薄

680	［宫廷灯］ *Abutilon* sp.	锦葵科	苘麻属
		常绿亚灌木	

原产南美

喜光，亦耐半阴；喜温暖湿润，稍耐旱

观花树木

681　金铃花（条纹苘麻、纹瓣悬铃花）

Abutilon striatum

锦葵科	苘麻属
常绿灌木	

原产巴西、乌拉圭、危地马拉

喜光，亦耐半阴；喜温暖，耐高温，生育适温
15～28℃，越冬8～12℃

682　沙漠玫瑰（沙蔷薇、亚当花、小夹竹桃）

Adenium obesum

夹竹桃科	元宝花属
落叶肉质小灌木	

原产东非及南亚

喜光；喜高温，生育适温
22～30℃；极耐旱；喜微碱
性沙壤

美沙漠玫瑰
Adenium obesum 'Callo-chroum'

夹竹桃科	元宝花属
落叶肉质小灌木	

原产东非至南亚
喜光；喜高温，生育适温22～30℃；耐旱；喜
微碱性沙壤

艳沙漠玫瑰
Adenium obesum 'Dark Red'

夹竹桃科	元宝花属
落叶肉质小灌木	

原产东非至南亚
喜光；喜高温，生育适温22～31℃；耐旱；喜
微碱性沙壤

观花树木

黄蝉（硬枝黄蝉）

Allemanda neriifolia (*A. schottii* 'Grey Supreme', *A. cathartica* *f.s.*, *A. n.* 'G. Su.')

夹竹桃科	黄蝉属
常绿灌木	

原产南美及巴西

喜光；喜高温，生育适温22～30℃；不耐旱

槭叶澳洲梧桐（槭叶酒瓶树、槭叶苹婆）

Brachychiton acerifolius (*Sterculia acerifolia*)

梧桐科	澳洲梧桐属
落叶乔木	

原产澳大利亚昆士兰

喜光；喜温暖耐高温，生育适温15～28℃

687	**橙花曼陀罗** *Brugmansia* 'Aurantia'	茄科	木曼陀罗属
		常绿或半落叶灌木	

原产秘鲁、智利、哥伦比亚

喜光，耐半阴；喜温暖至高温，生育适温18～30℃

688	**黄花曼陀罗** *Brugmansia aurea*	茄科	木曼陀罗属
		常绿或半落叶灌木	

原产秘鲁、智利、哥伦比亚

喜光，耐半阴；喜温暖至高温，生育适温
18～30℃

观
花
树
木

| 689 | **重瓣曼陀罗**
Brugmansia 'Pleniflora' | 茄科　　木曼陀罗属
常绿或半落叶灌木 |

原产巴西

喜光，耐半阴；喜温暖至高温，生育适温
18～30℃

| 690 | **红花曼陀罗**（红打破碗花）
Brugmansia sanguinea (*B. stramonium, Datur*) | 茄科　　木曼陀罗属
常绿或半落叶灌木 |

原产秘鲁、智利、哥伦比亚

喜光，耐半阴；喜温暖至高温，生育适温18～30℃

| 691 | 粉花醉鱼草 | 马钱科 | 醉鱼草属 |
| | *Buddleja davidii* 'Empire Blue' | 半落叶灌木 | |

原产我国西南、西北、长江流域
喜光；喜温暖湿润

| 692 | 花叶醉鱼草 | 马钱科 | 醉鱼草属 |
| | *Buddleja davidii* 'Harlequin' | 半落叶灌木 | |

原产我国西南、西北、长江流域
喜光；喜温暖湿润

插图：上海溢柯屋顶花园之一

| 693 | 红花醉鱼草
Buddieja davidii 'Royal Red' | 马钱科 | 醉鱼草属 |
| | | 半落叶灌木 | |

原产我国西南、西北、长江流域

喜光；喜温暖湿润

| 694 | 紫花醉鱼草
Buddleja davidii 'West Hill' | 马钱科 | 醉鱼草属 |
| | | 半落叶灌木 | |

原产我国西南、西北、长江流域

喜光；喜温暖湿润

695	白花醉鱼草	马钱科	醉鱼草属
	Buddleja davidii 'White Profusion'	半落叶灌木	

原产我国西南、西北、长江流域

喜光; 喜温暖湿润

观花树木

696	红虾夷花（红虾衣花）	爵床科	虾夷花属
	Callispidia guttata 'Rubra' (*Beloperone g.* 'R'. *Justicia brandegeana* 'R')	常绿亚灌木	

原产墨西哥

喜光，亦耐半阴；喜高温，生育适温20～31℃

| 697 | 牛角瓜（大皇冠花） | 萝摩科 | 牛角瓜属 |
| | *Calotropis gigantea* | 常绿灌木 | |

产印度、印度尼西亚、中国

喜光；喜温暖湿润，不耐寒；对土壤适应性较强

| 698 | 夏蜡梅（夏腊梅） | 蜡梅科 | 夏蜡梅属 |
| | *Calycanthus chinensis*（*Sinocalycanthus chinensis*） | 落叶灌木 | |

原产我国浙江中部山区

喜阴，不耐强光；喜温暖湿润，不耐寒；耐旱，忌
积水

| 699 | **野香橼花**（猫胡子花、小毛毛花） | 白花菜科 | 槌果藤属 |
| | *Capparis bodinierii (C. acutifolia ssp. b.)* | 常绿攀缘状灌木或小乔木 | |

分布我国南方

喜光；喜温暖湿润；耐旱；喜钙质

| 700 | **美国梓树**（美国木豆树、紫葳楸） | 紫葳科 | 梓树属 |
| | *Catalpa bignonioides* | 落叶乔木 | |

原产美国东南部，我国沈阳、北京、南京、合肥等地有栽培

喜光，强阳性；喜温暖湿润，较耐寒

701 红长春花
Catharanthus cutivar

夹竹桃科	长春花属
常绿宿根花卉或半灌木	

栽培种, 原种产非洲及美洲

喜光, 耐半阴; 喜高温, 生育适温20～32℃; 耐旱, 亦耐湿

702 长春花 (日日春、日日新、日日草、五瓣梅、五瓣莲)
Catharanthus roseus (*Vinca rosea*, *Lochnera rosea*)

夹竹桃科	长春花属
常绿宿根花卉或半灌木	

原产非洲、美洲热带

喜光, 耐半阴; 喜高温, 生育适温15～35℃, 越冬10℃以上; 耐干旱瘠薄, 亦耐湿

白长春花（白花长春花） 夹竹桃科 长春花属

Catharanthus roseus 'Albus' (*Vinca r.* 'Alba') 常绿宿根花卉或半灌木

原产非洲、美洲
喜光，耐半阴；喜高温，生育适温15～35℃，
越冬10℃以上；耐干旱瘠薄，亦耐湿

704
红心白长春花 夹竹桃科 长春花属

Catharanthus roseus 'Parasol' (*C. r.* 'Bright Eyes') 常绿宿根花卉或半灌木

原产非洲、美洲
喜光，耐半阴；喜高温，生育适温15～35℃；耐干旱
瘠薄，亦耐湿

观
花
树
木

705 白心长春花
Catharanthus roseus 'Pretty in Rose'

夹竹桃科　长春花属

常绿宿根花卉或半灌木

原产非洲、美洲
喜光，耐半阴；喜高温，生育适温15～35℃；耐干
旱瘠薄，亦耐湿

706 瓶儿花（紫瓶子花、紫红夜香树、紫夜香花）
Cestrum purpureum（*C. facicilatum, C. elegans, C. fasciculatum*）

茄科　夜香树属

常绿半蔓性灌木

原产墨西哥
喜光，耐半阴；喜高温高湿，生长适温
22～28℃，越冬10℃以上

707	**沙漠柳**	紫葳科	沙漠柳属
	Chilopsis linearis	灌木至小乔木	

分布温带、亚热带地区

喜光；喜温暖湿润；耐旱

708	**灰毛臭牡丹**（灰毛大青、狮子球）	马鞭草科	赪桐属
	Clerodendrum canescens	常绿灌木	

原产中国、印度

喜光，亦耐半阴；喜温暖至高温，生长适温22～30℃

709 赪桐
Clerodendrum sp.

马鞭草科	赪桐属
落叶灌木	

原产中国
喜光，耐半阴；喜温暖湿润

710 龙吐珠（珍珠宝莲、麒麟吐珠、白萼赪桐）
Clerodendrum thomsonae

马鞭草科	赪桐属
常绿攀缘状灌木	

原产西非
喜光；喜高温，生育适温22～30℃

711 **弯子木**（黄棉树、金凤花树）
Cochlospermum religiosum（C. gossypium）

弯子木科　弯子木属
落叶小乔木

原产印度、缅甸和泰国
喜光；喜高温湿润，生育适温23～30℃

712 **红花风车子**
Combretum erythrophyllum

使君子科　风车藤属
常绿灌木

产我国西南，以及广东、广西、江西
喜光；喜高温湿润

713	**鸟尾花**（半边黄、须药花、火鸟、十字爵床、皱药花） *Crossandra infundibuliformis*（*C. undulaefolia*）	爵床科	十字爵床属
		常绿亚灌木	

原产印度南部、斯里兰卡

喜半日照，耐阴；喜高温多湿，生育适温20～30℃

714	**橙鸟尾花** *Crossandra infundibuliformis* 'Lutea'	爵床科	十字爵床属
		常绿亚灌木	

原产印度南部、斯里兰卡

喜半日照，耐阴；喜高温多湿，生育适温20～30℃

715	黄鸟尾花（尼罗河十字爵床、黄火鸟、小半边黄）	爵床科	十字爵床属
	Crossandra nilotica	常绿亚灌木	

原产南非

喜半日照,耐阴；喜高温多湿，生育适温
22～32℃

716	珊瑚花（木杨柳、巴西羽花、串心花）	爵床科	珊瑚花属
	Cyrtanthera carnea (*Justicia c., Jacobinia* 'C.')	常绿亚灌木	

原产南美巴西

喜光；喜高温，不耐寒，生育适温22～30℃；
耐旱

观

花

树

木

凤凰木（红花楹、红楹、火树）

Delonix regia (Poinciana r.)

苏木科　凤凰木属
落叶乔木

夏

花

原产马达加斯加岛及非洲热带
喜光；
喜高温，生长适温23～30℃；耐旱

718	**狭叶四照花**（尖叶山茱萸）	山茱萸科	四照花属
	Dendrobenthamia angustata (Cornus capitata var. *a.)*	常绿乔木或灌木	

产我国四川

喜光，稍耐阴；喜温暖湿润；耐旱

719	**四照花**	山茱萸科	四照花属
	Dendrobethamia japonica var. *chinensis*	落叶乔木	

产我国西南及长江流域各地

喜光，喜温暖湿润

观
花
树
木

720	**滇刺桐**（乔木刺桐、鹦哥花） *Erythrina arborescens*（*E. tienensis*）	蝶形花科	刺桐属
		落叶乔木	

产我国云南、贵州、四川、西藏及湖北

喜光，稍耐阴；喜温暖，不耐寒

721	**珊瑚刺桐**（美洲刺桐、象牙红、龙牙花） *Erythrina corallodendron*（*E. bidwillii*, *E. crista-galli* var. *compacta*）	蝶形花科	刺桐属
		落叶大灌木或小乔木	

原产美洲热带、亚洲热带

喜光；喜高温湿润，生育适温22～30℃，越冬5℃
以上

| 722 | **鸡冠刺桐**（美丽刺桐、象牙红）
Erythrina crista-galli (*E. fusca, E. glauca*) | 蝶形花科 | 刺桐属 |
| | | 落叶小乔木 | |

原产巴西、墨西哥
喜光；喜高温湿润，生育适温23～30℃；耐旱

| 723 | **紫花卫矛**
Euonymus frigidus | 卫矛科 | 卫矛属 |
| | | 落叶灌木 | |

产云南西北部、西藏东南部及四川、贵州
喜光，喜温暖湿润

724 **大花黄栀子**
Gardenia jasminoides f. *grandiflora* (*G. j.* var. *g.*)

茜草科	栀子花属
常绿灌木	

原产中国南部、越南和日本
喜光，亦耐阴；喜温暖至高温，生育适温
18～28℃，越冬-3℃以上；耐干旱瘠薄

725 **香水花树**
Fagraea belteriana

灰莉科	灰莉属
常绿灌木	

分布亚洲热带地区
喜光；喜温暖湿润

摄于美国

726	**吉氏黄栀子** *Gardenia giellerupii*	茜草科	栀子花属
		常绿灌木	

原产泰国
喜光，耐半阴；喜高温湿润

观花树木

727	**重瓣栀子**（重瓣黄栀子、玉荷花） *Gardenia jasminoides* 'Flore-pleno' (*G. j.* var. *fortuniana*, *G. j.* 'Fo.')	茜草科	栀子花属
		常绿灌木	

原产中国南部、越南和日本
喜光，亦耐阴；喜温暖至高温，生育适温
18～28℃，越冬-3℃以上；耐干旱瘠薄；喜酸性
的轻黏壤土

雀舌栀子（水栀子）

茜草科	栀子花属
常绿小灌木	

728

Gardenia radicans (*G. jasminoides* var. *radicana,*
G. j. 'R.' G. 'Prostrata')

原产中国南部、越南和日本
喜光，亦耐阴；喜温暖至高温，生育适温
18～28℃，越冬-3℃以上；耐干旱瘠薄；喜酸性的
轻黏壤土

白花木本婆婆纳

玄参科	木本婆婆纳属
亚灌木	

729

Hebe 'Albiflors'

栽培品种
喜光; 喜温暖湿润, 亦耐旱

摄于巴黎

730	**花叶木本婆婆纳**	玄参科	木本婆婆纳属
	Hebe andersonii 'Argenteo-variegata' (*H. an.* 'V.')		亚灌木

原产欧洲

喜光; 喜温暖湿润, 亦耐旱

摄于巴黎

731	**南美天芥菜**（紫天芥菜、香水草）	紫草科	天芥菜属
	Heliotropium arborescens (*H. peruvianum*)		亚灌木

分布于热带或温带

喜光; 喜温暖至高温，生育适温10～28℃

摄于巴黎

观花树木

732 大花秋葵（大花木槿、大花芙蓉葵、草芙蓉）　　锦葵科　　木槿属

Hibiscus grandiflora（*H. surattensis*）　　亚灌木

亲本产美国中部

喜光；耐酷暑亦耐寒；喜湿润

733 重粉朱槿　　锦葵科　　木槿属

Hibiscus hawaiiensis 'Aunelie'　　常绿灌木

原产夏威夷

喜光；喜高温高湿，不耐寒；不耐旱

| 734 | **金娘朱槿** | 锦葵科 | 木槿属 |
| | *Hibiscus hawaiiensis* 'Golden Girl' | 常绿灌木 | |

原产夏威夷
喜光；喜高温高湿，不耐寒；不耐旱

| 735 | **锦球朱槿** | 锦葵科 | 木槿属 |
| | *Hibiscus hawaiiensis* 'Kapiolani' | 常绿灌木 | |

原产夏威夷
喜光；喜高温高湿，不耐寒；不耐旱

736 乳斑扶桑（乳斑朱槿）

Hibiscus rosa-sinensis 'Albo-Strip'

锦葵科　木槿属

常绿灌木

原产我国南部

喜光，不耐阴；喜温暖至高温，生育适温
20～30℃，越冬10℃以上

737 白花扶桑（白花朱槿）

Hibiscus rosa-sinensis 'Albus'

锦葵科　木槿属

常绿灌木

原产我国南部

喜光，不耐阴；喜温暖至高温，生育适温
20～30℃，越冬10℃以上

738	**橙花扶桑**（橙花朱槿）	锦葵科	木槿属
	Hibiscus rosa-sinensis 'Aurantiacus' (*H. r.-s.var. au.*)	常绿灌木	

原产我国南部

喜光，不耐阴；喜温暖至高温，生育适温
22～30℃，越冬10℃以上

739	**花叶扶桑**（斑叶扶桑、锦叶扶桑、花叶朱槿）	锦葵科	木槿属
	Hibiscus rosa-sinensis 'Cooperi' (*H. r.-s. var. c.*)	常绿灌木	

印度育成

喜光，不耐阴；喜温暖至高温

扶桑品种群
Hibiscus rosa-sinensis Group

锦葵科　木槿属
常绿灌木

夏

花

原产我国南部

喜光，不耐阴；喜温暖至高温，生育适温
22～30℃，越冬10℃以上

| 752 | **黄花扶桑**（黄花朱槿） | 锦葵科 | 木槿属 |
| | *Hibiscus rosa-sinensis* 'Flavus' | 常绿灌木 | |

原产我国南部

喜光，不耐阴；喜温暖至高温，生育适温
22～30℃，越冬10℃以上

| 753 | **黄花重瓣扶桑**（金球朱槿） | 锦葵科 | 木槿属 |
| | *Hibiscus rosa-sinensis* 'Flovo-Plenus' (*H. r.-s.* var. *calleri*) | 常绿灌木 | |

原产我国南部

喜光，不耐阴；喜温暖至高温，生育适温
22～30℃，越冬10℃以上

754 粉花扶桑（粉花朱槿）

Hibiscus rosa-sinensis 'Kermesinus' (*H. r.-s.* var. *k.*)

锦葵科	木槿属
常绿灌木	

原产我国南部

喜光，不耐阴；喜温暖至高温，生育适温
22～30℃，越冬10℃以上

755 吊灯扶桑（裂瓣朱槿、灯笼花、吊灯花）

Hibiscus schizopetalus (*H. rosa-sinensis* 'Sch.', *H. rosa-sinensis* var. *sch.*)

锦葵科	木槿属
常绿灌木	

原产非洲东部

喜光；喜高温，生育适温22～30℃；喜湿润亦耐旱

重瓣扶桑（重瓣朱槿）

Hibiscus rosa-sinensis 'Rubro-plena' (*H. r.-s.* var. *ru.-p.*)

锦葵科	木槿属
常绿灌木	

原产我国南部

喜光，不耐阴；喜温暖至高温，生育适温
22～30℃，越冬10℃以上

重瓣吊灯扶桑

Hibiscus schizopetalus 'Pagoda'

锦葵科	木槿属
常绿灌木	

原产哥伦比亚

喜光；喜高温湿润

观花树木

蓝花木槿
758
Hibiscus syriacus 'Blue Bird' (*H.* 'Oiseau Bleu')

锦葵科	木槿属
落叶灌木	

原产东亚
喜光，耐半阴；喜温暖湿润

摄于德国

白花重瓣木槿
759
Hibiscus syriacus f. *alboplenus* (*H. s.* f. *abus-plenus*)

锦葵科	木槿属
落叶灌木或小乔木	

原产东亚
喜光，亦耐半阴；喜温暖至高温，生育适温
20～25℃；耐干旱瘠薄

紫花重瓣木槿

Hibiscus syriacus f. *violaceus* (*H. s.* 'Lady')

锦葵科　木槿属
落叶灌木

原产东亚
喜光，亦耐半阴；喜温暖至高温，生育适温
20～25℃；耐干旱瘠薄

观
花
树
木

红心木槿（白花红心朱槿）

Hibiscus syriacus 'Red Heart' （*H.* 'Red Heart'）

锦葵科　木槿属
常绿亚灌木

原产东亚
喜光，亦耐半阴；喜温暖至高温，生育适温
18～30℃

762	**粉红重瓣扶桑**（粉红重瓣木槿）	锦葵科	木槿属
	Hibiscus syriacus var. *roseatiata* (*H. S.* 'R.')	落叶灌木	

原产东亚

喜光，亦耐半阴；喜温暖至高温，生育适温
20～25℃；耐干旱瘠薄

763	**树状绣球花**	绣球花科	绣球花属
	Hydrangea arborescens 'Annabelle'	亚灌木	

原产美国东部

喜光；喜温暖湿润

764	**卷瓣绣球花**	绣球花科	绣球花属
	Hydrangea macrophylla 'Ayesha'	亚灌木	

原产中国及日本
喜光；喜温暖湿润

765	**蓝绣球花**	绣球花科	绣球花属
	Hydrangea macrophylla 'Blue Bonnet'	亚灌木	

原产中国及日本
喜光；喜温暖湿润

观
花
树
木

| 766 | **蓝八仙花** | 绣球花科 | 绣球花属 |
| | *Hydrangea macrophylla* 'Blue Wave' | 亚灌木 | |

原产中国及日本
喜光；喜温暖湿润

| 767 | **肉色八仙花** | 绣球花科 | 绣球花属 |
| | *Hydrangea macrophylla* 'Carnea' | 亚灌木 | |

原产中国及日本
喜光；喜温暖湿润

768	**绯绣球花** *Hydrangea macrophylla* 'Coccinea'	绣球花科 绣球花属
		亚灌木

原产中国及日本
喜光；喜温暖湿润

769	**粉绣球花** *Hydrangea macrophylla* 'Generale Vicomtesse de Vibraye'	绣球花科 绣球花属
		亚灌木

原产中国及日本
喜光；喜温暖湿润

770　重瓣八仙花
Hydrangea maerophylla 'Petala'

绣球花科	绣球花属
亚灌木	

原产中国及日本
喜光；喜温暖湿润

771　银边八仙花
Hydrangea macrophylla 'Maculata' (*H. m.* 'Variegata',
H. m. var. *macu.*)

绣球花科	绣球花属
落叶灌木	

原产中国及日本
喜光；喜温暖湿润

矮绣球花

Hydrangea macrophylla 'Otaksa' (*H. m.* var. *o.*)

绣球花科	绣球花属
落叶小灌木	

原种产中国及日本
喜光；喜温暖湿润

粉八仙花

Hydrangea macrophylla 'Roseo-pincita'

绣球花科	绣球花属
亚灌木	

原产中国及日本
喜光；喜温暖湿润

观花树木

774 白八仙花
Hydrangea macrophylla 'Veitchii'

绣球花科　绣球花属

亚灌木

原产中国及日本
喜光; 喜温暖湿润

摄于巴黎

775 柄生八仙花
Hydrangea petiolaris (*H. anomala* ssp. *p.*)

绣球花科　绣球花属

亚灌木

分布朝鲜半岛、日本、中国台湾
喜光; 喜温暖湿润

776 粉齿八仙花

绣球花科　绣球花属

Hydrangea serrata 'Rosalba'

亚灌木

栽培品种

喜光；喜温暖湿润

777 大萼金丝桃（欧洲金丝桃）

金丝桃科　金丝桃属

Hypericum calycinum

半常绿灌木

产欧洲

喜光；喜温暖湿润

778 红果金丝桃
Hypericun inodorum 'Exocellent Flair'

金丝桃科	金丝桃属
常绿小灌木	

栽培品种

喜光，稍耐阴；喜温暖，亦耐寒；忌积水；耐修剪

779 欧洲金丝梅
Hypericum lancasteri

金丝桃科	金丝桃属
半常绿灌木	

产欧洲

喜光；喜温暖湿润

780	**金丝梅**（芒种花、土连翘、云南连翘、短蕊金丝桃）	金丝桃科	金丝桃属
	Hypericum patulum（*H. uralum*）	半常绿小灌木	

产中国

喜光，耐半阴；喜温暖湿润，生育适温15～25℃；耐旱

781	**玫红龙船花**（洋红仙丹）	茜草科	龙船花属
	Ixora caesia	常绿灌木	

原产大洋洲密克罗尼西亚

喜光；喜高温，生育适温23～32℃；耐旱

782	**龙船花**（龙舟花、木绣球、仙丹花、英丹、山丹）	茜草科	龙船花属
	Ixora chinensis	常绿小灌木	

原产亚洲热带

喜光，耐阴；喜高温，生长适温23～32℃

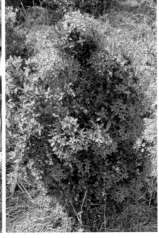

783	**杏黄龙船花**（杏黄抱茎仙丹、杏黄仙丹）	茜草科	龙船花属
	Ixora coccinea 'Apricot Gold'（*I.* 'Dwarf Orange'，*I. javanica* 'Yellow'）	常绿灌木	

原产亚洲热带和非洲

喜光；喜高温，生育适温23～32℃；耐旱

99

| 784 | **花叶龙船花** | 茜草科 | 龙船花属 |
| | *Ixora cultivar* 'Variegated Leaf ' (*I.* 'V. L.') | 常绿小灌木 | |

原产非洲热带
喜光; 喜高温湿润

| 785 | **大黄龙船花**（大黄仙丹） | 茜草科 | 龙船花属 |
| | *Ixora coccinea* 'Gillettes Yellow' (*I. javanica* 'yellow') | 常绿灌木 | |

原产亚洲热带和非洲
喜光; 喜高温，生育适温23～32℃; 耐旱

786

蝶叶龙船花（圆叶龙船花）[金钱花]
Ixora cultivar 'Curly Leaf' (*I.* 'C. L.')

茜草科	龙船花属
常绿小灌木	

原产非洲热带

喜光，喜高温湿润

摄于新加坡

787

大王龙船花（大王仙丹）
Ixora duffii 'Super King' (*I.* 'S. K.')

茜草科	龙船花属
常绿灌木	

原产亚洲热带

喜光；喜高温，生育适温23～32℃；耐旱

101

橙龙船花（橙仙丹）

Ixora 'Dwarf Orange'

茜草科	龙船花属
常绿小灌木	

原产亚洲热带

喜光；喜高温，生育适温23～32℃；耐旱

小仙丹（小龙船花、白花龙船花）

Ixora henryi (*I.* 'Dwarf Pink')

茜草科	龙船花属
常绿灌木	

产我国云南南部

喜光；喜高温，生育适温23～32℃；喜微酸性
或中性土壤

观花树木

790	**杂交龙船花**（杂交仙丹）	茜草科	龙船花属
	Ixora hybrid	常绿小灌木	

原产亚洲热带

喜光；喜高温，生育适温23～32℃；耐旱

791	**黄龙船花**（黄仙丹）	茜草科	龙船花属
	Ixora lutea	常绿小灌木	

原产印度

喜光；喜高温，生育适温23～32℃；耐旱

792	**白花龙船花**（白仙丹）	茜草科	龙船花属
	Ixora parviflora	常绿灌木	

原产印度、斯里兰卡、缅甸

喜光；喜高温，生育适温23～32℃

793	**矮粉龙船花**（矮粉仙丹）	茜草科	龙船花属
	Ixora williamsii 'Dwarf Pink' (*I.* 'D. P.')	常绿灌木	

原产印度、斯里兰卡、缅甸

喜光；喜高温，生育适温23～32℃；耐旱

794 矮黄龙船花（矮黄仙丹）

Ixora williamsii 'Dwarf Yellow' (*I.* 'D.Y.', *I.* 'Y.')

茜草科	龙船花属
常绿灌木	

原产印度、斯里兰卡、缅甸
喜光；喜高温，生育适温23～32℃；耐旱

795 蓝花楹（巴西柴薇、柴雪木）

Jacaranda mimosifolia (*J. acutifolia*, *J. obtusifolia*)

紫葳科	蓝花楹属
落叶乔木	

原产巴西、阿根廷、玻利维亚
喜光；喜高温，生育适温20～30℃，越冬15℃以
上；较耐旱

菱果紫薇

Lagerstroemia floribunda

千屈菜科	紫薇属
常绿乔木	

原产马来西亚、中南半岛
喜光；喜高温湿润，不耐寒

银薇（白花紫薇）

Lagerstroemia indica 'Alba' (*L. i.* var. *a.*)

千屈菜科	紫薇属
落叶灌木或小乔木	

原产中国、印度
喜光，稍耐阴；喜高温多湿，生育适温23～30℃；
喜石灰性土壤

| 798 | 翠薇（圣之花） | 千屈菜科 | 紫薇属 |
| | *Lagerstroemia indica* 'Amabilis' (*L. i.* var. *a.*, *L. i.* 'Purpurea') | 落叶灌木或小乔木 | |

原产中国、印度
喜光, 稍耐阴; 喜高温多湿, 生育适温23～30℃;
喜石灰性土壤

| 799 | 革叶细子木 | 桃金娘科 | 细子木属 |
| | *Leptosperum coriaceum* | 常绿灌木 | |

原产澳大利亚、新西兰
喜光; 喜温暖湿润

摄于澳大利亚

107

800	**粉薇**（粉花紫薇） *Lagerstroemia indica* 'Rosea'	千屈菜科	紫薇属
		落叶灌木或小乔木	

原产中国、印度

喜光，稍耐阴；喜高温多湿，生育适温23～32℃；

喜石灰性土壤

801	**大花紫薇** *Lagerstroemia speciosa* (*L. flos-reginae*, *L. r.*)	千屈菜科	紫薇属
		常绿乔木	

原产印度、印度尼西亚、马来西亚西部和

大洋洲

喜光，稍耐阴；喜暖热湿润，不耐寒

| 802 | **报春树** | 锦葵科 | 密源葵属 |
| | *Lagunaria patersonia* (*Hibiscus p.*) | 常绿灌木 | |

分布亚热带
喜光; 喜温暖湿润

| 803 | **女贞**（大叶女贞、水蜡树、高干女贞、虫树） | 木樨科 | 女贞属 |
| | *Ligustrum lucidum* | 常绿乔木 | |

产我国长江流域及以南各省
喜光, 亦耐半阴; 喜温暖湿润; 喜微酸性至碱性
土; 不耐瘠薄

毛冠忍冬
Lonicera tomentella

忍冬科　忍冬属
落叶灌木

产我国云南
喜光，稍耐阴；不耐寒；耐旱

观花树木

805

红丝线木
Lycianthes rantonnetii 'Royal Robe' (*Salanum r.* 'R. R.')

茄科　红丝线属
亚灌木

原产欧洲
喜光；喜温暖湿润

摄于巴黎

蓝金铃
806
Lyianthes sp.

| 茄科 | 红丝线属 |
| 亚灌木 | |

原产欧洲
喜光；喜温暖湿润

夜合花（夜香木兰）
807
Magnolia coco

| 木兰科 | 木兰属 |
| 常绿灌木 | |

原产中国、越南
喜光，亦耐半阴；喜高温，生育适温23～30℃

| 808 | **广玉兰**（荷花玉兰、洋玉兰、大花玉兰） | 木兰科 | 木兰属 |
| | *Magnolia grandiflora* | 常绿大乔木 | |

原产北美东南部

喜光，颇耐阴；喜温暖湿润，不耐寒，生育适温
18~28℃；喜酸性或中性土壤

| 809 | **香木莲** | 木兰科 | 木莲属 |
| | *Manglietia aromatica（Paramanglietia a.）* | 常绿乔木 | |

产我国云南东南部、广西西南部

喜光，亦耐半阴；喜暖热湿润

观花树木

810	**桂南木莲**（牛耳南、仁昌木莲、南方木莲、华南木莲、山木莲）	木兰科	木莲属
	Manglietia chingii（*M. tenuipes, M. conifera*）	常绿乔木	

原产我国广西、广东、云南及贵州

喜光，亦耐半阴；喜温暖湿润，不耐干旱瘠薄；喜酸性土壤

811	**粉苞酸脚杆**（宝莲花、酸脚姜）	野牡丹科	酸脚杆属
	Medinilla magnifica	常绿灌木	

原产非洲热带和东南亚

喜半日照；喜高温湿润，生育适温22～28℃

812 赤苞花
Megaskepasma erythrochlamys（*Adhatoda cydonifolia*）

茜草科　赤苞花属
常绿灌木

分布非洲及亚洲热带
喜光；喜高温湿润

813 野牡丹（山石榴、展毛野牡丹、宝莲灯）
Melastoma candidum（*M. septemnervium*）

野牡丹科　野牡丹属
常绿灌木

原产我国华南及西南，以及越南、柬埔寨
喜光，亦稍耐阴；喜温暖至高温，生育适温
20～30℃；喜湿润

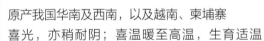

814　印度杜鹃（马拉巴野牡丹）
Melastoma malabathricum

野牡丹科	野牡丹属
常绿灌木	

原产印度及东南亚

喜光，亦耐半阴；喜温暖湿润，不耐寒；忌干旱

815　球花含笑（毛果含笑）
Micheria sphaerantha

木兰科	含笑属
常绿乔木	

产我国云南

喜光，亦耐半阴；喜温暖湿润，喜酸性土壤

红纸扇（红玉叶金花、血萼花）   茜草科   玉叶金花属

Mussaenda erythrophylla   半落叶灌木

原产西非、南亚

喜光；喜温暖至高温，生育适温23～32℃；耐旱

粉纸扇（粉玉叶金花、露丝玉叶金花、粉萼金花）   茜草科   玉叶金花属

Mussaenda hybrida 'Alicia' (*M.* 'Don Lux')   半落叶灌木

杂交品种

喜光；喜温暖至高温，生育适温23～32℃；耐
旱，耐瘠薄

观
花
树
木

818　大叶玉叶金花
Mussaenda macrophylla

茜草科	玉叶金花属
半落叶灌木	

产我国云南勐腊

喜光，亦耐半阴；喜高温湿润

819　绒毛玉叶金花（多毛玉叶金花）
Mussaenda mollissima

茜草科	玉叶金花属
半落叶灌木	

产我国云南勐腊、勐海

喜光；喜高温湿润，生育适温20～30℃

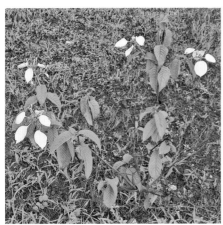

820	**白纸扇**（雪萼花） *Mussaenda philippica* 'Aurorae'	茜草科	玉叶金花属
		半落叶灌木	

原产西非、南亚

喜光，不耐阴；喜高温，生育适温23～32℃，耐旱，忌长期潮湿

821	**玉叶金花**（山甘草、凉口菜、野白纸扇） *Mussaenda pubescens*	茜草科	玉叶金花属
		常绿蔓性灌木	

原产亚洲、非洲热带

喜光；喜温暖至高温，生育适温23～32℃；耐旱

822 浅粉纸扇（浅粉叶金花）

Mussaenda 'Queen Sirikit'

茜草科	玉叶金花属
半落叶灌木	

原产亚洲、非洲热带

喜光；喜温暖至高温，生育适温23～32℃；耐旱，耐瘠薄

823 夹竹桃（红花夹竹桃、柳桃、柳叶桃）

Nerium indicum (*N. odorum*)

夹竹桃科	夹竹桃属
常绿大灌木	

原产伊朗、印度、尼泊尔等

喜光；喜高温湿润，生育适温22～32℃；耐旱力强

824	**白花夹竹桃**	夹竹桃科	夹竹桃属
	Nerium indicum 'Album' (*N. i.* 'Paihua', *N. oleander* 'Alba')	常绿大灌木	

原产伊朗、印度、尼泊尔等

喜光; 喜高温湿润, 生育适温22～32℃; 耐旱力强

825	**重瓣夹竹桃**	夹竹桃科	夹竹桃属
	Nericum indium 'Plenum' (*N. i. f. pl.*, *N. i.* var. *pl.*, *N. oleander* 'Pl.', *N. o.* 'Pink')	常绿大灌木	

原产伊朗、印度、尼泊尔等

喜光; 喜高温湿润, 生育适温22～32℃; 耐旱力强

| 826 | **欧洲白花夹竹桃**
Nerium oleander 'Album' | 夹竹桃科 | 夹竹桃属 |
| | | 常绿灌木 | |

原产地中海地区

喜光；喜高温，生育适温22～32℃；耐旱力强

| 827 | **欧洲夹竹桃—密叶**
Nerium oleander 'Coccineum' | 夹竹桃科 | 夹竹桃属 |
| | | 常绿灌木 | |

原产地中海地区

喜光；喜高温，生育适温22～32℃；耐旱力强

摄于西班牙

828	**欧洲夹竹桃—桃红** *Nerium oleander* 'Roseum' (*N. indicum* 'R.',　*N. i.* 'Mrs Swanson')	夹竹桃科	夹竹桃属
		常绿灌木	

原产地中海地区

喜光；喜高温，生育适温22～32℃；耐旱力强

829	**斑叶夹竹桃**（镶边夹竹桃） *Nerium oleander* 'Variegatum' (*N. o.* 'Variegata')	夹竹桃科	夹竹桃属
		常绿灌木	

原产地中海地区

喜光；喜高温，生育适温22～32℃；耐旱力强

830 古城玫瑰树（玫瑰桉）

Ochrosia elliptica

| 夹竹桃科 | 玫瑰树属 |
| 常绿小乔木 | |

分布于非洲马达加斯加到大洋洲波利尼西亚
喜光；喜高温湿润

831 金苞花（黄虾衣花、黄鸭嘴花、金苞银、黄虾花）

Pachystactys lutea

| 爵床科 | 厚穗爵床属 |
| 常绿亚灌木 | |

原产墨西哥、秘鲁
喜光，不耐阴；喜高温，生育适温20～30℃；耐旱

832	**山梅花** *Philadelphus* 'Burfordensis'	山梅花科　山梅花属
		落叶灌木

原种产中国

喜光；喜温暖湿润

833	**粉重瓣山梅花** *Philadelphus* 'Cocconea'	山梅花科　山梅花属
		落叶灌木

原种产中国

喜光，稍耐阴；喜温暖至冷凉

西洋山梅花
Philadelphus coronarius (*Ph.* 'Burfordensis')

834

山梅花科　　山梅花属

落叶灌木

原产南欧及亚洲

喜光; 喜温暖湿润

摄于瑞士

重瓣西洋山梅花
Philadelphus 'Dame Blanche' (*Ph.* 'Deutziflorus')

835

山梅花科　　山梅花属

落叶灌木

原种产南欧及亚洲

喜光, 稍耐阴; 喜冷凉至温暖

| 836 | **欧洲白花泡桐** *Paulownia* sp. | 玄参科 | 泡桐属 |
| | | 落叶大乔木 | |

产欧洲

喜光; 喜温暖湿润

摄于德国

| 837 | **火焰花**（弯花焰爵床） *Phlogacanthus curviflorus* | 爵床科 | 火焰花属 |
| | | 半常绿灌木 | |

产我国西南部和海南

喜光, 亦耐半阴; 喜高温多湿

838 紫云杜鹃（大花钩粉草）

Pseuderanthemum laxiflorum

爵床科　山壳骨属

常绿小灌木

原产南美洲

喜光；喜高温湿润，生育适温22～30℃

839 白花石榴

Punica granatum 'Albescens'

安石榴科　石榴属

落叶灌木

原产伊朗、阿富汗

喜光；喜高温高湿，生育适温23～30℃；耐干旱瘠薄

840	**黄花石榴** *Punica granatum* 'Flavescens'	安石榴科	石榴属
		落叶灌木	

原产伊朗、阿富汗

喜光；喜高温高湿，生育适温23～30℃；耐干旱瘠薄

841	**玛瑙石榴**（重瓣花石榴、玻璃石榴） *Punica granatum* 'Legrellei'	安石榴科	石榴属
		落叶灌木	

原产伊朗、阿富汗

喜光；喜高温高湿，生育适温23～30℃；耐干
旱瘠薄

842	**重瓣白石榴** *Punica granatum* 'Multiplex'	安石榴科	石榴属
		落叶灌木	

原产伊朗、阿富汗

喜光；喜高温高湿，生育适温23～30℃；耐干旱瘠薄

843	**重瓣红石榴**（海棠石榴） *Punica granatum* 'Pleniflora' (*P. g.* var. *florepleno*)	安石榴科	石榴属
		落叶灌木	

原产伊朗、阿富汗

喜光；喜高温高湿，生育适温23～30℃；耐干旱瘠薄

桃金娘（岗稔、山稔）

桃金娘科　桃金娘属

Rhodomyrtus tomentosa（Syzygium reinwardrianum）

常绿灌木

原产中国、日本、菲律宾、东南亚
喜光；喜高温湿润，生育适温15～28℃

白花映山红（白花杜鹃）

杜鹃花科　杜鹃花属

845

Rhododendron mucronatum

常绿或半常绿灌木

产我国华东及日本
喜光；喜温暖湿润；耐干旱瘠薄

846 山城杜鹃（山岩杜鹃、雾岛杜鹃、锦光花）

Rhododendron obtusum

杜鹃花科　杜鹃花属

常绿或半常绿灌木

日本育成的杂交种

喜光，耐半阴；喜温暖湿润；耐干旱瘠薄；喜酸性
土壤

847 锦绣杜鹃（鲜艳杜鹃、毛鹃）

Rhododendron pulchrum

杜鹃花科　杜鹃花属

常绿或半常绿灌木

产我国长江流域及以南

喜光，耐半阴；喜温暖，-8℃落叶；耐旱；喜酸性
土壤

毛刺槐（红花刺槐、江南槐、红花洋槐、毛洋槐） 蝶形花科 刺槐属

Robinia hispida 落叶乔木

原产美国东南部
喜光; 耐寒; 忌积水

树状月季品种群 蔷薇科 蔷薇属

Rosa hybrida Group 常绿灌木

栽培品种
喜光; 喜温暖湿润，生育适温15～25℃; 稍耐旱

观花树木

852

丰花月季（多花月季）

Rosa hybrida 'Floribunda' (*R. chinensis* 'F')

蔷薇科	蔷薇属
丛状灌木	

杂交无性系

喜光；喜温暖湿润，生育适温15～25℃；稍耐旱

853

丰花月季—多桃

Rosa 'Duo Tao' (*R.* 'Duotao')

蔷薇科	蔷薇属
常绿小灌木	

杂交种

喜光；喜温暖湿润

854 丰花月季—多头橙红

Rosa 'Duo Tou Chen Hong' (*R.* 'Duotouchenhong')

蔷薇科 蔷薇属

常绿小灌木

杂交种
喜光；喜温暖湿润

855 丰花月季—黄金时代

Rosa 'Huang Jin Shi Dai' (*R.* 'Huangjinshidai')

蔷薇科 蔷薇属

常绿小灌木

杂交种
喜光；喜温暖湿润

峨嵋扁刺蔷薇

856

Rosa omeiensis f. pteracantha

| 蔷薇科 | 蔷薇属 |
| 常绿多刺灌木 | |

原产我国云南
喜光; 喜冷凉湿润

白玫瑰（单瓣白玫瑰）

857

Rosa rugosa 'Alba' (*R. r.* var. *a.*)

| 蔷薇科 | 蔷薇属 |
| 落叶丛生带刺灌木 | |

原产中国
喜光, 略耐阴; 喜凉爽, 生育适温15～24℃; 耐旱

858	**粉玫瑰**	蔷薇科	蔷薇属
	Rosa rugosa 'Coccinea' (*R. r.* var. *c.*)	落叶丛生带刺灌木	

原产中国
喜光，略耐阴；喜凉爽，生育适温15～24℃；
耐旱

859	**重瓣紫玫瑰**	蔷薇科	蔷薇属
	Rosa rugosa 'Plena' (*R. r.* var. *p.*)	落叶丛生带刺灌木	

原产中国
喜光，略耐阴；喜凉爽，生育适温15～24℃；耐旱

860 红玫瑰（单瓣紫玫瑰）

Rosa rugosa 'Rosea' (*R. ru.* var. *ro., R. ru.* 'Rubra')

蔷薇科　蔷薇属

落叶丛生带刺灌木

原产中国

喜光，略耐阴；喜凉爽，生育适温15～24℃；耐旱

861 红花芦莉（艳芦莉、美丽芦莉草）

Ruellia elegans (*R. colorata, Aphelandra e., Strobilanthes e.*)

爵床科　芦莉草属

常绿小灌木

原产巴西

喜光，不耐阴；喜高温湿润，生育适温22～30℃

| 862 | **双锦葵** | 锦葵科 | 双葵属 |
| | *Sidalces malviflora* | 常绿灌木 | |

产美国加利福尼亚、墨西哥
喜光；喜冷凉至温暖

| 863 | **东北珍珠梅**（珍珠梅） | 蔷薇科 | 珍珠梅属 |
| | *Sorbaria sorbifolia (Spiraea s.)* | 落叶丛生灌木 | |

产我国东北、华北
喜光，亦耐阴；耐寒，生育适温15～24℃

864 粉花绣线菊（狭叶绣线菊、日本绣线菊）　蔷薇科　绣线菊属
Spiraea japonica (*S. j.*var. *acuminata*)　落叶灌木

原产日本、朝鲜半岛和中国
喜光，耐半阴；喜温暖湿润，不耐寒；耐旱

865 花叶粉花绣线菊　蔷薇科　绣线菊属
Spiraea japonica 'Goldflame'　落叶灌木

原产日本
喜光，耐半阴；喜温暖湿润，不耐寒；耐旱

866	黄钟花（黄色吊钟花）	紫葳科	黄钟花属
	Tecoma stans (*Stenolobium s.*)	常绿灌木或小乔木	

原产南美洲和西印度群岛

喜光；喜高温多湿，生育适温23～30℃

867	银绒野牡丹	野牡丹科	荣丛花属
	Tibouchina heteromalla	常绿灌木	

原产巴西

喜光；喜高温湿润，生育适温20～30℃

观
花
树
木

868	**巴西野牡丹**（蒂牡花、金石榴、山石榴、荣丛花）	野牡丹科	荣丛花属
	Tibouchina semidecandra（*T. uruilleana*）	常绿灌木	

原产巴西
喜光；喜高温湿润，生育适温20～30℃

869	**石笔木**	山茶科	石笔木属
	Tutcheria spectabilis	常绿小乔木	

我国特有，分布于东南各省
喜半日照；喜温暖，喜湿润亦耐干旱瘠薄；喜微酸
性土壤

木绣球（斗球，大绣球、绣球花、琼花、绣球荚蒾） 忍冬科 荚蒾属

Viburnum macrocephalum 半常绿灌木至小乔木

主产我国长江流域
喜光，稍耐阴；颇耐寒，忌干旱；喜微酸性土壤

皱叶荚蒾（枇杷叶荚蒾、山枇杷） 忍冬科 荚蒾属

Viburnum rhytidophyllum 落叶灌木

产中国
喜光; 喜温暖湿润; 耐旱

观
花
树
木

872	**鸡树条荚蒾**（天目琼花） *Viburnum sargentii*	忍冬科	荚蒾属
		落叶灌木	

产亚洲东北部，我国分布于东北南部、华北至长
江流域
喜光，亦耐阴；喜夏凉湿润多雾，耐寒

873	**毛叶荚蒾** *Viburnum sargentii* 'Onondaga'	忍冬科	荚蒾属
		落叶灌木	

产亚洲热带
喜光；喜温暖湿润

| 874 | **显苞芒毛苣苔**（荷花藤） | 苦苣苔科 | 芒毛苣苔属 |
| | *Aeschynanthus bracteatus* (*A. b.* var. *b.*) | 常绿附生小灌木 | |

产我国云南南部及西北部，生于林内树干上
喜光，亦耐半阴；喜温暖湿润

| 875 | **粉白羊蹄甲** | 苏木科 | 羊蹄甲属 |
| | *Bauhinia purpurea* 'Alba' | 落叶小乔木 | |

原产东南亚
喜光；喜高温多湿，生育适温22～30℃；耐旱

876	**花叶羊蹄甲** *Bauhinia* 'Variegata'	苏木科	羊蹄甲属
		常绿灌木	

栽培品种

喜光；喜高温湿润，生育适温22～30℃

877	**小朱缨花**（长蕊合欢、苏里南朱缨花） *Calliandra surinamensis*（*C. boliviana, C. inequilatera*）	含羞草科	朱缨花属
		半落叶灌木	

原产南美苏里南

喜光；喜高温高湿，生育适温23～30℃

878	**蓝星花**（星形花、雨伞花）	旋花科	土丁桂属
	Evolvulus nuttallianus	常绿半蔓性小灌木	

原产北美洲

喜光；喜高温湿润，生育适温20～28℃；喜沙
壤土

879	**红千层**（红瓶刷树）	桃金娘科	红千层属
	Callistemon rigidus（*C. linearifolium*）	常绿灌木或小乔木	

原产大洋洲

喜光；喜温暖至高温，生长适温20～30℃，越冬
10℃左右；不耐水湿

880

串钱柳（垂枝红千层、瓶刷子树）

Callistemon viminalis

桃金娘科	红千层属
常绿灌木或小乔木	

原产大洋洲

喜光，亦耐半阴；喜温暖至高温，生长适温

20～30℃，越冬10℃以上

881

角柱花（蓝雪花）

Ceratostigma plumbaginoides

蓝雪科	角柱花属
半灌木	

分布非洲热带至缅甸、泰国，我国产西南部、

东部及北部

喜光；喜温暖，耐旱

882	**亮叶蜡梅**（山蜡梅）	蜡梅科	蜡梅属
	Chimonanthus nitens (*C. campanulatus*)	常绿灌木	

产我国华中、华南、西南
喜光，亦耐半阴；喜温暖湿润；不耐旱

883	**光叶海州常山**（海州常山）	马鞭草科	赪桐属
	Clerodendrum trichotomum var. *fargesii*	落叶灌木至小乔木	

中国、日本、朝鲜半岛、菲律宾有分布
喜光，稍耐阴；喜温暖湿润，生育适温
15～26℃；耐干旱亦耐湿

重瓣芙蓉（重瓣木芙蓉） 锦葵科 木槿属

Hibiscus mutabilis 'Roseo-Plenus' (*H. m.* f. *plenus*) 落叶灌木或小乔木

原产中国

喜光，稍耐阴；喜温暖耐高温，生育适温18～30℃；耐水湿

醉芙蓉 锦葵科 木槿属

Hibiscus mutabilis 'Versicolor' (*H. m.* f. *nersicolor*) 落叶灌木或小乔木

原产中国

喜光，稍耐阴；喜温暖耐高温，生育适温18～30℃；耐水湿

886	石丁香（藏丁香）	茜草科	石丁香属
	Hymenopogon parasiticum（H. p. var. longiflorus, Heohymenopogon p.）	附生多枝小灌木	

我国云南特有

喜光，稍耐阴；耐旱

887	纽西兰圣诞树	桃金娘科	圣诞树属
	Metrosideros thomsaii	常绿灌木至乔木	

原产新西兰

喜光，喜温暖至高温，喜湿润

888	**鸡冠爵床**（红楼花、鸡冠红、红苞花）	爵床科	鸡冠爵床属
	Odontonema strictum（*Thyrsacanthus strictus*）	常绿小灌木	

原产中美洲

喜光，亦耐半阴；喜高温多湿，生育适温
18～28℃；耐旱

889	**蓝雪花**（蓝花丹、蓝茉莉）	蓝雪科	蓝雪属
	Plumbago auriculata（*P. capensis*）	常绿亚灌木	

原产南非

喜光，耐半阴；喜温暖至高温，生育适温
22～28℃，越冬10℃以上

151

890	光叶山矾（披针叶山矾）	山矾科	山矾属
	Symplocos lancifolia	常绿小乔木	

分布热带、亚热带地区，我国广布长江以南

喜光；喜暖热；耐旱

891	金浦桃（澳洲黄花树）	桃金娘科	金浦桃属
	Xanthostemon chrysanthus	常绿乔木	

原产澳大利亚昆士兰州

喜光；喜高温湿润，生育适温22～32℃

摄于新加坡

892 红蕊树（澳洲圣诞树、新西兰圣诞树、年青蒲桃） | 桃金娘科 | 金浦桃属
Xanthostemon youngii（Metrosideros excelsus, M. tomentosus） | 常绿乔木

原产澳大利亚昆士兰州

喜光；喜温暖至高温，生育适温18～28℃；喜
湿润，亦耐旱

摄于澳大利亚昆士兰

893 红珊瑚 | 爵床科 | 珊瑚塔属
Aphelandra colorata（Ruellia strobianthes colorostus） | 常绿小灌木

原产巴西

喜光，亦耐半阴；喜高温多湿，生育适温
22～30℃

894 珊瑚塔
Aphelandra sinclairiana

爵床科　珊瑚塔属
常绿小灌木

原产中美洲包括巴拿马、哥斯达黎加
喜半日照，耐阴；喜高温，生育适温20～28℃

895 美人梅
Armeniaca mume 'Beautymei' (*A. m.* 'Meiren Mei')

蔷薇科　杏属
落叶灌木

原产中国
喜光，稍耐阴；喜温暖湿润，生长适温15～25℃

896	**假杜鹃**（蓝花假杜鹃、蓝钟花、洋杜鹃）	爵床科	假杜鹃属
	Barleria cristata	常绿亚灌木	

产印度、缅甸和中国南部、东部、西南部

喜光，耐半阴；喜温暖至高温，生育适温

20～30℃；极耐旱

897	**白花茶梅**	山茶科	山茶属
	Camellia sasanqua 'Alba'	常绿灌木	

栽培品种

喜光，稍耐阴；喜温暖至高温

898	**非洲芙蓉**（吊芙蓉）	梧桐科	吊芙蓉属
	Dombeya cayeuxii（D. calantha, D. burgessiae × D. wallichii）	常绿或落叶灌木	

杂交种，亲本产南非、东非及马达加斯加
喜光；喜高温湿润，生育适温20～28℃

899	**金缕梅**	金缕梅科	金缕梅属
	Hamamelis mollis	落叶灌木或小乔木	

原产我国，分布华中、华东各地
喜光，喜温暖至高温湿润

火焰树（火焰木、苞萼木、喷泉树）

Spathodea nilotica（*S. campanulata*）

紫葳科　火焰树属

常绿乔木

原产非洲热带

喜光，亦耐半阴；喜温暖至高温，生育适温
23～32℃；喜湿润

狗尾红（红穗铁苋菜、猫尾花、红猫尾）

Acalypha hispida

大戟科　铁苋菜属

常绿小灌木

原产新几内亚、马来西亚
喜光，亦耐阴；喜高温，生育适温23～30℃

红萼鸭嘴花

Adhatoda cydoniifolia (*Megaskepasma erythrochlamys*)

爵床科　鸭嘴花属

常绿灌木

原产委内瑞拉南部
喜光，耐半阴；喜高温湿润

観
花
树
木

903　黄蓬蒿菊（黄木茼蒿菊）

Argyranthemum frutescens var. *chrysaster* (*Chrysanthemum f.* var. *ch.*)

| 菊科 | 木茼蒿属 |
| 常绿亚灌木 | |

原产南欧加拿列岛

喜光，亦耐阴；喜温暖，生育适温15～22℃，
越冬6℃以上

904　岗松（蜡梅、铁扫把）〔澳蜡花〕

Baeckea frutescens (*Chamelaucium uncinatum* 'Bundara Excolsior')

| 桃金娘科 | 岗松属 |
| 常绿灌木或小乔木 | |

原产澳大利亚、马来西亚及中国南部

喜光；喜温暖至高温，生长适温18～25℃；耐
旱；喜酸性土壤

905	**白岗松**（蜡梅）〔澳蜡花〕	桃金娘科	岗松属
	Baeckea frutescens 'Alba' (*Chamelaucium uncinatum* 'Album', *Leptospermum abnome, L. brachyandrum*)	常绿灌木或小乔木	

原产澳大利亚、马来西亚及中国南部

喜光；喜温暖至高温，生长适温18～25℃；耐
旱；喜酸性土壤

906	**鸳鸯茉莉**（二色茉莉、双色茉莉、番茉莉）	茄科	番茉莉属
	Brunfelsia acuminata (*B. latifolia, B. hopeana, B. pauciflora, B. calycina*)	常绿灌木	

原产南美

喜光，耐半阴；喜温暖至高温，生育适温
20～30℃

观
花
树
木

白牛角瓜（爱花）

907

Calotropis gigantea 'Alba'

萝摩科	牛角瓜属
常绿灌木	

原产印度、印度尼西亚

喜光；喜温暖至高温；喜湿润

摄于泰国

皱叶醉鱼草（绒毛醉鱼草）

908

Buddleja crispa

马钱科	醉鱼草属
落叶或半落叶灌木	

产我国云南、四川、西藏及甘肃南部

喜光，亦耐半阴；喜温暖湿润；耐干旱瘠薄

909	**金凤花**（红蝴蝶、洋凤花、蛱蝶花、洋金凤） *Poinciana pulcherrima (Caesalpinia p.)*	苏木科	金凤花属
		常绿灌木	

原产西印度群岛和美洲热带

喜光；喜高温，生育适温23～30℃；耐旱

910	**黄金凤花**（黄蝴蝶） *Poinciana pulcherrima* 'Flava' (*Caesalpinia p.* 'F.')	苏木科	金凤花属
		常绿灌木	

原产美洲热带

喜光；喜高温，生育适温23～30℃；耐旱

彩金凤花（紫金凤花、彩蝴蝶）

911

Poinciana pulcherrima 'Rosea' (*Caesaipinia p.* 'R.', *C. p.* var. *r.*, *C. p.* 'Pink Poinciana')

苏木科	金凤花属
常绿灌木	

原产美洲热带

喜光；喜高温，生育适温23～30℃；耐旱

小红绒球（红粉扑花、凹叶合欢、粉红合欢）

912

Calliandra emarginata

含羞草科	朱缨花属
半落叶灌木	

原产墨西哥

喜光；喜高温高湿，生育适温23～30℃

四
季
花

163

913	**红绒球**（朱樱花、美蕊花、美洲合欢）	含羞草科	朱缨花属
	Calliandra haematocephala (C. boiiviana, C. inequilatera)	常绿灌木	

原产巴西和玻利维亚，我国江南广为栽培
喜光；喜高温高湿，不耐寒，生育适温
23～31℃，越冬15℃以上

914	**卡法来**	茜草科	卡法来属
	Carphalea kirondron	常绿灌木	

产马达加斯加
喜光；喜高温湿润

大花黄槐（光叶决明）

Cassia floribunda (C. laevigata, Senna f., S. l.)

四季花

原产阿根廷

喜光，稍耐阴；喜高温，生育适温22～30℃；
耐旱

黄槐（粉叶决明、凤凰花、金凤、豆槐、黄花决明）	苏木科	决明属
Cassia surattensis (C. glauca, Senna su.)	常绿灌木或小乔木	

产印度、斯里兰卡、马来群岛和大洋洲，我国华南，
福建、台湾及西南有栽培

喜光，稍耐阴；喜暖热，生育适温22～30℃；耐旱

西方风箱树

917

Cephalanthus occidentalis

<table>
<tr><td>茜草科</td><td>风箱属</td></tr>
<tr><td colspan="2">常绿灌木</td></tr>
</table>

产美洲、亚洲，我国产长江流域以南

喜光；喜高温；喜生于水旁

四季杜鹃茶

918

Camellia 'Azalea'

<table>
<tr><td>山茶科</td><td>山茶属</td></tr>
<tr><td colspan="2">常绿灌木</td></tr>
</table>

产中国

喜半阴，亦耐阴；喜温暖湿润

919	**黄瓶子花**（黄瓶儿花、黄花夜香花）	茄科	夜香树属
	Cestrum aurantiacum	常绿半蔓性灌木	

原产南美洲

喜光，耐半阴；喜高温高湿，生育适温23～30℃

920	**大管大青**	马鞭草科	赪桐属
	Clerodendrum macrosiphon	常绿灌木	

原产新几内亚和菲律宾

喜光；喜高温湿润，生育适温22～32℃；耐旱

摄于香港

921 蓝蝴蝶（杨梅叶大青、紫蝴蝶）

Clerodendrum myricoides 'Ugandense' (*C. u.*)

马鞭草科	赪桐属
常绿灌木	

原产东非热带

喜光；喜高温湿润

摄于新加坡

922 圆锥大青（佛塔花、宝塔大青、宝塔赪桐）

Clerodendrum paniculatum

马鞭草科	赪桐属
常绿灌木	

原产东南亚

喜光，亦耐阴；喜高温高湿，生育适温22～30℃

923	**白圆锥大青**（白佛塔花、白宝塔赪桐）	马鞭草科	赪桐属
	Clerodendrum paniculatum 'Alba'	常绿灌木	

原产东南亚

喜光，亦耐阴；喜温暖湿润，生育适温22～30℃

924	**四眼斑赪桐**	马鞭草科	赪桐属
	Clerodendrum quadrioculare	常绿灌木	

产非洲和亚洲

喜光，耐半阴；喜暖热湿润

摄于台湾

| 925 | **美丽赪桐**（爪哇赪桐） | 马鞭草科 | 赪桐属 |
| | *Clerodendrum speciosissimum* (*C. fallax, C. buchunanii, Volkameria h.*) | 常绿灌木 | |

原产印度尼西亚和马来西亚
喜光，耐半阴；喜高温湿润

| 926 | **艳赪桐**（美丽赪桐） | 马鞭草科 | 大青属 |
| | *Clerodendrum splendens* | 常绿灌木至藤木 | |

产亚洲热带
喜光；喜温暖至高温；喜湿润，亦耐旱

927 红萼龙吐珠（红萼珍珠宝莲）

Clerodendrum speciosum

马鞭草科　赪桐属

常绿蔓性藤本

杂交种

喜光；喜高温，生育适温22～30℃

928 心叶破布木

Cordia sebestena

紫草科　破布木属

常绿灌木或小乔木

原产亚洲热带和中美洲

喜光；喜温暖至高温；喜湿润

橙花破布木
Cordia sebestena 'Aurea'

929

紫草科	破布木属
常绿灌木或小乔	

原产印度、马来西亚、泰国
喜光；喜温暖至高温；喜湿润

摄于新加坡

鱼木
Crateva religiosa

930

白花菜科	鱼木属
常绿灌木或乔木	

分布热带地区，我国产云南、广东、广西和台湾
喜光；喜高温湿润

摄于柬埔寨吴哥

931 **厚叶黄花树**
Dillenia alata

五桠果科　　五桠果属
常绿乔木

原产澳大利亚昆士兰州
喜光；喜高温湿润

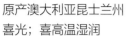

932 **希茉莉**（醉娇花、长隔木、四叶红花）
Hamelia patens（H. erecta）

茜草科　　长隔木属
常绿灌木

原产美洲热带
喜光；喜温暖耐高温，生育适温18～28℃

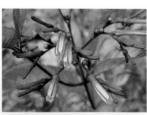

观花树木

琴叶珊瑚（琴叶樱、日日樱）

大戟科　　膏桐属

常绿灌木

Jatropha integerrima (J. panduraefolia, J. pandudrifolia)

933

原产西印度群岛、秘鲁

喜光，耐半阴；喜高温湿润，生育适温23～30℃

珊瑚花（细裂珊瑚油桐）

大戟科　　膏桐属

常绿灌木

Jatropha multifida

934

原产美洲热带

喜光，亦耐阴；喜高温湿润，生育适温23～30℃；

耐旱

935

大叶珊瑚（大叶日日樱）
Jatropha species 'Big Leat'

大戟科	膏桐属
常绿灌木	

原产美洲热带
喜半日照；喜高温湿润

936

卡拉木
Kailarsenia species

茜草科	卡拉木属
常绿乔木	

原产非洲热带
喜光；喜高温湿润

937　红花蕊木（木长春）

Kopsia fruticosa

夹竹桃科　　蕊木属

常绿灌木

原产东南亚

喜光，喜高温湿润

938　红心蕊木（大叶蕊木）

Kopsia singaporensis（K. macrophylla）

夹竹桃科　　蕊木属

常绿灌木

原产马来半岛和新加坡

喜光，耐半阴；喜高温湿润

939	金链子树	金虎尾科	金链子属
	Lophanthera lactescens	常绿乔木	

产巴西、乌拉圭
喜光；喜高温湿润

940	小悬铃花（小红袍、红花冲天槿）	锦葵科	悬铃花属
	Malvaviscus arboreus（*M. a.* var. *drummondii*）	常绿灌木	

原产北美洲包括墨西哥
喜光；喜高温湿润，生育适温20～30℃

941 悬铃花（垂花悬铃花、南美朱槿）

Malvaviscus arboreus var. *mexicanus* (*M. a.* 'Penduliflorus', *M. a.* var. *p.*)

锦葵科　悬铃花属

常绿灌木

原产墨西哥、哥伦比亚、秘鲁和巴西，我国南方多栽培

喜阳光充足；喜温暖至高温，耐热，生育适温22～30℃，越冬
8～10℃；耐旱

942 金虎尾（金英）

Malpighia glauca (*Galphimia g., Thyallis g.*)

金虎尾科　金虎尾属

常绿灌木

原产墨西哥至巴拿马

喜光；喜高温高湿，不耐寒，生育适温
22～28℃；耐旱

943	烟筒花	紫葳科	烟筒花属
	Millingtonia hortensis	常绿乔木	

产印度及东南亚，我国产云南南部

喜光；喜高温湿润

摄于柬埔寨吴哥

944	蓝金花	爵床科	耳刺花属
	Otacanthus caeruleus	亚灌木	

原产巴西

喜光，耐半阴；喜高温湿润，生育适温18～22℃

摄于台湾

945 **红苞花**（红珊瑚、红花厚穗爵床） 爵床科 厚穗爵床属
Pachystachys spicata（*P. coccinea, P. riedeliana, Justicia s.*） 常绿亚灌木

原产南美热带、特立尼达、圭亚那
喜半日照或20℃日照；喜高温，生育适温
20～30℃

946 **蓝花藤**（紫霞藤、砂纸叶藤、兰花藤） 马鞭草科 蓝花藤属
Petrea volubilis 常绿木质藤本

原产中美洲和西印度群岛
喜光，耐半阴；喜高温，生育适温22～30℃

白鸡蛋花

947

Plumeria alba (P. 'A.', P. pudica)

夹竹桃科　鸡蛋花属
落叶灌木或乔木

产墨西哥、委内瑞拉、西印度群岛
喜光；喜高温，生育适温23～30℃，越冬12℃
以上；耐旱；喜石灰岩土壤

黄鸡蛋花

948

Plumeria flava (P. 'Flava')

夹竹桃科　鸡蛋花属
常绿灌木

产墨西哥、委内瑞拉、西印度群岛
喜光；喜高温湿润

杂交鸡蛋花
Plumeria hybrida

949

夹竹桃科	鸡蛋花属
落叶小乔木	

原种产墨西哥、委内瑞拉、西印度群岛

喜光；喜高温，生育适温23～30℃，越冬12℃

以上；耐旱；喜石灰岩土壤

钝叶鸡蛋花（钝头缅栀子）
Plumeria obtusa

950

夹竹桃科	鸡蛋花属
常绿灌木或小乔木	

产美洲热带

喜光；喜高温湿润，生育适温22～30℃

951	美叶鸡蛋花（匙叶鸡蛋花）	夹竹桃科	鸡蛋花属
	Plumeria pudica	常绿灌木	

原产巴拿马、哥伦比亚、委内瑞拉

喜光；喜高温湿润，生育适温22～30℃

952	红鸡蛋花	夹竹桃科	鸡蛋花属
	Plumeria rubra	落叶灌木或小乔木	

产墨西哥、委内瑞拉、西印度群岛

喜光；喜高温，生育适温23～30℃，越冬12℃

以上；耐旱；喜石灰岩土壤

观花树木

| 953~954 | **鸡蛋花品种群**
Plumeria rubra Group | 夹竹桃科 鸡蛋花属
落叶灌木或小乔木 | 四
季
花 |

原产墨西哥、委内瑞拉、西印度群岛

喜光；喜高温，生育适温23～30℃，越冬12℃
以上；耐旱；喜石灰岩土壤

| 955 | **三色鸡蛋花**
Plumeria rubra 'Tricolor' | 夹竹桃科　鸡蛋花属
落叶灌木或小乔木 |

原产墨西哥、委内瑞拉、西印度群岛

喜光；喜高温，生育适温23～30℃，越冬12℃
以上；耐旱；喜石灰岩土壤

956	**紫叶拟美花** *Pseuderanthemum carruthersii* var. *atropurpureum*	爵床科　山壳骨属 半常绿亚灌木

原产南美洲和太平洋诸岛（波利尼西亚南部）

喜光，亦耐阴；喜高温高湿，生育适温20～30℃

957	**金叶拟美花** *Pseuderanthemum reticulatum* (*P. carruthersii* var. *r., Eranthemum r.*)	爵床科　山壳骨属 半常绿灌木

原产大洋洲新赫布里底群岛

喜光，耐半阴；喜高温湿润，生育适温20～30℃

958 花叶拟美花（锦叶拟美花）

Pseuderanthemum 'Golden' (*P. atropurpureum* 'Variegatum')

爵床科　　山壳骨属

半常绿灌木

原产南美洲或太平洋诸岛

喜光，耐半阴；喜高温湿润，生育适温20～30℃

959 非洲玉叶金花

Pseudomussaenda flava (*Mussaenda f., M. luteola*)

茜草科　　非洲玉叶金花属

常绿灌木

原产非洲热带

喜光；喜温暖至高温

大叶山黄皮

Randia macrophylla (Rothmannia m.)

茜草科	山黄皮属
常绿灌木或小乔木	

原产马来半岛和苏门答腊

喜光，耐半阴；喜高温湿润

红花假马鞭（长穗木）

Stachytarpheta sanquinea

马鞭草科	假马鞭草属
常绿亚灌木	

产中南美洲

喜光；喜高温湿润

962 流苏花
Strophanthus preussii

夹竹桃科　羊角拗属
常绿灌木

原产非洲热带
喜光；喜高温湿润

963 锡兰蒲桃
Syzygium zeylanicum (Eugenia zeylanica, E. grata, E. spicata)

桃金娘科　蒲桃属
常绿乔木

原产斯里兰卡、印度、印度尼西亚、马来西亚
西部和中国
喜半日照，喜高温湿润

伞房狗牙花
Tabernaemontana corymbosa (Ervartamia c.)

夹竹桃科　狗牙花属

常绿灌木

原产印度至马来西亚

喜光，耐半阴；喜高温湿润

观花树木

海口城市道路之一

190

重瓣狗牙花

965 *Tabernaemontana corymbosa* 'Flore Pleno'
(*T. divaricata* 'F. P.', *T. d.* 'Gouyahua')

夹竹桃科	狗牙花属
常绿灌木	

原产印度至马来西亚
喜光，耐半阴；喜高温湿润

966	**狗牙花**（山马茶）	夹竹桃科	狗牙花属
	Tabernaemontana divaricata（T. coronaria, Ervatamia d.）	常绿灌木	

原产印度、缅甸和泰国

喜光，耐半阴；喜高温湿润，生育适温22～30℃

967	**斑叶狗牙花**（重瓣花叶狗牙花）	夹竹桃科	狗牙花属
	Tabernaemontana divaricata 'Variegata'	常绿灌木	

原产印度、缅甸和泰国

喜光，耐半阴；喜高温湿润，生育适温22～30℃

南洋狗牙花
Tabernaemontana pandacaqui

968

夹竹桃科　狗牙花属
常绿灌木

原产中国及南洋群岛
喜光，喜高温湿润

橙花硬骨凌霄
Tecomaria capensis 'Harmony Gold'

969

紫葳科　硬骨凌霄属
常绿攀缘灌木

原产南非好望角
喜光；喜高温，生育适温22～23℃；耐旱

970	**涩叶藤** *Tetracera indica*	五桠果科	涩叶藤属
		常绿小乔木	

原产印度

喜光；喜高温湿润

971	**黄花艳桐草** *Uncarina roeslia*	胡麻科	黄花胡麻属
		亚灌木	

产亚洲热带

喜光；喜高温；耐旱

972	**夜香树**（木本夜来香、夜丁香、洋素馨、洋丁香）	茄科	夜香树属
	Cestrum nocturnum（*C. leucocarpum*）	常绿攀缘灌木	

原产西印度群岛、美洲热带

喜光；喜高温高湿，耐热，生长适温23～30℃，越冬4℃以上

973	**香灰利**	灰莉科	灰利属
	Fagraea fragrans（*Crytophyllum peregrinum*）	常绿乔木	

原产印度尼西亚、马来西亚

喜光；喜高温湿润

摄于香港

丹桂

Osmanthus fragrans 'Aurantiacus' (*O. f.* var. *au.*, *O. f.* f. *au.*)

木樨科	木樨属
常绿灌木至乔木	

原产中国、日本

喜光，稍耐阴；喜温暖，生育适温15～26℃；

喜微酸性土壤

975

银桂

Osmanthus fragrans 'Latifolius' (*O. f.* var. *l.*, *O. f.* f. *l.*, *O. f.* 'Odoratus')

木樨科	木樨属
常绿灌木至乔木	

原产中国、日本

喜光，稍耐阴；喜温暖，生育适温15～26℃；

喜微酸性土壤

四季桂

976

Osmanthus fragrans 'Semperflorus'

(*O. f.* var. *s.*, *O. f. f. s. O. f.* 'Semperflorens')

木樨科　　木樨属

常绿灌木至乔木

原种产中国、日本

喜光，稍耐阴；喜温暖，生育适温15～26℃；

喜微酸性土壤

金桂

977

Osmanthus fragrans 'Thunbergii' (*O. f.* var. *th.*, *O. f. f. th.*)

木樨科　　木樨属

常绿灌木至乔木

原产中国、日本

喜光，稍耐阴；喜温暖，生育适温15～26℃；

喜微酸性土壤

澳洲梧桐
Brachychiton populneum

梧桐科　澳洲梧桐属

常绿乔木

原产澳大利亚昆士兰

喜光；喜温暖耐高温，生育适温15～28℃

摄于新加坡

孔雀木（美叶葱木、秀丽假五加）
Dizygotheca elegantissima（Schefflera e., Aralia e.）

五加科　孔雀木属

常绿灌木

原产大洋洲和太平洋各个群岛

喜光，耐半阴；喜温暖至高温，生育适温

20～28℃，越冬15℃以上

观叶树木

980	**密叶竹蕉**〔太阳神〕	龙舌兰科	龙血树属
	Dracaena deremensis 'Compacta'	常绿灌木	

原产非洲热带

喜半日照，较耐阴；喜温暖至高温，生育适温

20～28℃，越冬10℃以上；极耐湿，亦耐旱

981	**荷兰铁**（龙血树）	龙舌兰科	龙血树属
	Dracaena draco	常绿乔木	

原产西班牙属加那利群岛

喜半日照，耐阴；喜温暖至高温，不耐寒

摄于美国夏威夷 摄于美国科罗拉多大峡谷

982	**长柄竹蕉** *Dracaena thalioides*	龙舌兰科	龙血树属
		常绿小灌木	

原产斯里兰卡、热带非洲
喜光；喜温暖湿润

983	**也门铁** *Dracaena yemen*	龙舌兰科	龙血树属
		常绿灌木	

原产也门
喜光，亦耐阴；喜高温；耐旱

观
叶
树
木

984 灰桉（铜钱桉、银叶桉）

桃金娘科　桉属

Eucalyptus cinerea

常绿灌木或小乔木

原产澳大利亚

喜光；喜温暖，忌高温潮湿，生长适温
15～25℃；耐旱

985 非洲茉莉（华灰莉、萨氏灰莉）

灰莉科　灰莉属

Fagraea sasakii（F. chinensis）

常绿灌木或小乔木

产南亚、澳大利亚、太平洋岛屿

喜光，亦耐半阴；喜温暖至高温，生育适温
20～30℃；喜湿润

986	**八角金盘**（手树、八金盘）	五加科	八角金盘属
	Fatsia japonica（Aralis sieboldii）	常绿灌木	

产我国台湾及日本

喜半阴，亦耐阴，畏强光；喜温热，耐寒性
差，生育适温13～25℃，冬季能耐0℃；不耐
干旱瘠薄；抗SO_2气体污染

987	**金钱榕**（火山榕）	桑科	榕属
	Ficus deltoidea（F. diversifolia, F. de. var. di.）	常绿灌木	

原产东南亚至婆罗洲、菲律宾、马来西亚

喜光，耐半阴；喜高温湿润

琴叶榕（提琴叶榕、扇叶榕）

Ficus pandurata（F. lyrata）

桑科	榕属
常绿乔木	

原产南非

喜光，耐半阴；喜高温高湿，生育适温

22～32℃；耐旱

上海家庭园艺花展一角

989	**竹节蓼**（扁竹蓼、白足草） *homalocladium platycladum*	蓼科	竹节蓼属
		常绿亚灌木	

原产所罗门群岛

喜光，亦耐阴；喜温暖湿润；耐旱，忌积水

990	**马拉巴栗**（瓜栗、大果木棉、美国花生）〔发财树〕 *Fatsia japonica*	木棉科	中美木棉属
		常绿或半常绿小乔木	

产南墨西哥至哥斯达黎加

喜光，耐阴；喜高温，生育适温20～30℃，越
冬10℃以上；耐水湿，耐旱；喜酸性土壤

991	**澳洲鸭脚木**（伞树、章鱼树、昆士兰伞树、辐射鹅掌柴）	五加科	鹅掌柴属
	Schefflera actinophylla（Brassia a.）	常绿灌木或小乔木	

原产大洋洲、新几内亚、爪哇、波利尼西亚
喜光，耐半阴；喜高温多湿，生育适温
20～30℃

992	**鹅掌藤**（七叶莲、香港鹅掌藤）	五加科	鹅掌柴属
	Schefflera arboricola	常绿灌木或小乔木	

原产热带、亚热带
喜半阴；喜高温多湿，生育适温20～30℃，越
冬5℃以上；耐旱；喜微酸性土壤

993	**穗序鹅掌柴**	五加科	鹅掌柴属
	Schefflera delavayi	常绿灌木或小乔木	

产我国云南

喜光，亦耐阴；喜温暖至高温；喜湿润，亦
耐干旱瘠薄

994	**印度鹅掌柴**	五加科	鹅掌柴属
	Schefflera khasiana (*Heptapleurum khasianum*)	常绿乔木	

分布印度、不丹，我国产云南盈江

喜光；喜暖热湿润；耐旱

摄于吴哥

995 鹅掌柴（鸭脚木、云南鹅掌柴）
Schefflera octophylla

五加科	鹅掌柴属
常绿灌木或乔木	

原产中国、日本及东南亚

喜光，亦耐阴；喜高温多湿，生育适温
20～30℃；耐干旱瘠薄；耐水湿

996 扎米叶彩芋〔金钱树〕
Zamioculcas zamiifolia（Caladium zamiaetolium）

天南星科	扎米叶彩芋属
常绿灌木状	

原产非洲东部坦桑尼亚、桑给巴尔岛

喜半日照；喜温暖至高温；喜湿润

207

狭叶红桑

Acalypha wilkesiana 'Firestom' (*A. godseffiana* 'Heterophylla')

大戟科	铁苋菜属
常绿灌木	

原产亚洲热带、太平洋诸岛

喜光，不耐阴；喜温暖多湿，生育适温

20～30℃，越冬12℃以上

绿桑（镶边旋叶铁苋）

Acalypha wilkesiana 'Hoffmanii'

大戟科	铁苋菜属
常绿灌木	

原产亚洲热带、太平洋诸岛

喜光，不耐阴；喜温暖多湿，生育适温

20～30℃，越冬12℃以上

观叶树木

999 乳叶红桑

Acalypha wilkesiana 'Java White'

大戟科　　铁苋菜属

常绿灌木

原产亚洲热带、太平洋诸岛

喜光，不耐阴；喜温暖多湿，生育适温
20～30℃，越冬13℃以上

1000 红桑（红叶铁苋、威氏铁苋）

Acalypha wilkesiana 'Muell-Arg' (*A. pendula*)

大戟科　　铁苋菜属

常绿灌木

原产亚洲热带、太平洋诸岛

喜光，不耐阴；喜温暖多湿，生育适温
20～30℃，越冬12℃以上

1001	**彩叶红桑**（乳叶红桑、斑叶红桑）	大戟科	铁苋菜属
	Acalypha wilkesiana 'Musaica' (*A. w.* 'Mosaica')	常绿小灌木	

原产亚洲热带、太平洋诸岛

喜光，不耐阴；喜温暖多湿，生育适温20～30℃，越冬12℃以上

1002	**红边桑**（红边铁苋）	大戟科	铁苋菜属
	Acalypha wilkesiana var. *marginata*	常绿灌木	

原产亚洲热带、太平洋诸岛

喜光；喜高温湿润，生育适温20～30℃

1003 唐棣
Amelanchier lamarckii

蔷薇科　　唐棣属
落叶灌木至小乔木

原产北美
喜光；喜温暖湿润

1004 黄金串钱柳（金叶红千层）〔千层金〕
Callistemon hybridus 'Golden Ball' (*Melaleuca bracteata* 'Revolution')

桃金娘科　　红千层属
常绿灌木或小乔木

原产大洋洲、新西兰、荷兰
喜光；喜温暖至高温，不耐寒，生长适温20～30℃

1005	**洒金珊瑚**（洒金东瀛珊瑚、花叶青木）	山茱萸科	桃叶珊瑚属
	Aucuba japonica 'Variegata' (*A. j.* var. *v.*)	常绿灌木	

原产我国台湾、日本

喜半阴；喜冷凉，生育适温10～20℃

1006	**香龙血树**（巴西铁、巴西木）	龙舌兰科	龙血树属
	Dracaena fragrans (*Pleomele f.*)	常绿灌木	

原产非洲西南部

喜半日照，极耐阴；喜高温多湿，生长适温20～28℃，越冬5℃以上

| 1007 | **金心香龙血树**（金心巴西铁、中斑香龙血树） | 龙舌兰科 | 龙血树属 |
| | *Dracaena fragrans* 'Massangeana' (*D. f.* var. *m.*) | 常绿灌木 | |

原产非洲西南部

喜半日照，极耐阴；喜高温多湿，生长适温
20～28℃，越冬5℃以上

| 1008 | **星点木**（撒金千年木、星千年木） | 龙舌兰科 | 龙血树属 |
| | *Dracaena godseffiana* (*D. surculosa*) | 常绿灌木 | |

原产刚果、几内亚等

喜半日照，耐阴；喜高温多湿，生育适温
20～30℃，越冬13℃以上；耐旱

| 1009 | **金心短叶竹蕉**（金心百合竹）
Dracaena reflexa 'Aurea Variegata' (*Pleomele r.* 'A. V.') | 龙舌兰科 | 龙血树属 |
| | | 常绿灌木状 | |

原产印度南部
喜光，耐半阴；喜高温湿润

| 1010 | **黄边短叶竹蕉**（黄边百合竹、斑密叶龙血树、分枝铁树）
Dracaena reflexa 'Song of India'
(*Pleomele r.* 'Variegata', *D. r.* 'V', *D. r.* cv. *v.*) | 龙舌兰科 | 龙血树属 |
| | | 常绿灌木状 | |

原产印度南部
喜光，耐半阴；喜高温湿润

| 1011 | **绿叶竹蕉**（万年竹、观音竹、万年青）〔富贵竹〕 | 龙舌兰科 | 龙血树属 |
| | *Dracaena sanderiana*（ *D. s.* 'Virens', *D. s.* var. *v.* ） | 常绿灌木状 | |

原产非洲

喜半日照，耐阴；喜高温多湿，生育适温20～28℃，越冬15℃以上

| 1012 | **猩猩草**（草象牙红、草一品红、火苞草） | 大戟科 | 大戟属 |
| | *Euphorbia heterophylla*（ *E. cyathophora* ） | 宿根草本 | |

原产中南美洲

喜光，稍耐阴；喜高温，生育适温20～30℃；
耐旱

| 1013 | **斑叶百合竹**〔金边富贵竹〕 | 龙舌兰科 | 龙血树属 |
| | *Dracaena sanderiana* 'Golden Edge' (*D. s.* 'Virescens', *D. s.* 'Celica') | 常绿灌木状 | |

原产非洲

喜半日照，耐阴；喜高温多湿，生育适温20～28℃，越冬15℃以上

| 1014 | **镶边竹蕉**（白边万年竹）〔银边富贵竹〕 | 龙舌兰科 | 龙血树属 |
| | *Dracaena sanderiana* 'Margaret' (*D. s., D. s.* cv.) | 常绿灌木状 | |

原产非洲

喜半日照，耐阴；喜高温多湿，生育适温20～28℃，越冬15℃以上

油点木

1015

Dracaena surculosa 'Punculata' (*D. s.* 'Maculata', *D. s.* var. *p.*)

龙舌兰科	龙血树属
常绿灌木状	

原产非洲

喜半日照，亦耐阴；喜高温湿润

金边胡颓子（金边牛奶子）

1016

Elaeagnus ebbingei 'Gilt Edge' (*E. pungens* var. *aurea*, *E. p.* 'Aurea')

胡颓子科	胡颓子属
常绿灌木	

栽培品种

喜光；喜温暖湿润；耐旱

1017	**白雪木**（白雪公主）	大戟科	大戟属
	Euphorbia leucocephala	常绿灌木	

原产墨西哥
喜光；喜高温；耐旱

1018	**一品红**（圣诞树、象牙红、猩猩木、圣诞花）	大戟科	大戟属
	Euphorbia pulcherrima	常绿灌木	

原产中美洲、墨西哥
喜光；喜高温湿润，生育适温23～30℃，越冬
0℃以上；耐干旱瘠薄；喜微酸性砂壤

| 1019 | **一品白**
Euphorbia pulcherrima 'Alba' (*E. p.* 'Albida') | 大戟科 | 大戟属 |
| | | 常绿灌木至小乔木 | |

原产中美洲、墨西哥
喜光；喜高温，生育适温23～30℃，越冬0℃以
上；耐干旱瘠薄；喜微酸性砂壤

| 1020 | **矮生一品红**
Euphorbia pulcherrima 'Anhette Hegg Supreme' | 大戟科 | 大戟属 |
| | | 常绿小灌木 | |

原产中美洲、墨西哥
喜冷凉，喜温暖，生育适温20～28℃，越冬
10℃以上

1021	**一品黄**（金多利一品红） *Euphorbia pulcherrima* 'Capri White' (*E. p.* 'Lutea')	大戟科	大戟属
		常绿小灌木	

原产中美洲、墨西哥

喜冷凉，亦喜温暖，生育适温20～28℃，越冬10℃以上

1022	**皱叶一品红品种群** *Euphorbia pulcherrima* Group	大戟科	大戟属
		常绿小灌木	

原产中美洲、墨西哥

喜冷凉，亦喜温暖，生育适温20～28℃，越冬10℃以上

皱叶一品粉

皱叶一品红

皱叶一品黄

1023	彩纹一品红（双喜一品红）	大戟科	大戟属
	Euphorbia pulcherrima 'Marblestar '	常绿小灌木	

原产中美洲、墨西哥

喜光；喜高温，生育适温23～30℃，越冬1℃以上；耐干旱瘠薄；喜微酸性砂壤

1024	重瓣一品红	大戟科	大戟属
	Euphorbia pulcherrima 'Plenissima' (*E. pu.* var. *ple.*)	常绿灌木	

原产中美洲、墨西哥

喜光；喜高温，生育适温23～30℃，越冬0℃以上；耐干旱瘠薄；喜微酸性砂壤

| 1025 | **一品粉** | 大戟科 | 大戟属 |
| | *Euphorbia pulcherrima* 'Rosea' | 常绿小灌木 | |

原产中美洲、墨西哥
喜冷凉，亦喜温暖，生育适温20～28℃，越冬
10℃以上

| 1026 | **花纹一品红** | 大戟科 | 大戟属 |
| | *Euphorbia pulcherrima* 'Variegaris' | 常绿小灌木 | |

一品红栽培品种
喜冷凉，亦喜温暖，生育适温20～28℃，越冬
10℃以上

| 1027 | **紫叶水青冈**
Fagus syllatica f. *purpurea* | 壳斗科 | 水青冈属 |
| | | 落叶乔木 | |

产欧洲
喜光，较耐阴；喜温暖湿润

| 1028 | **紫叶垂枝水青冈**
Fagus sylvatica 'Purpurea Pendula' | 壳斗科 | 水青冈属 |
| | | 落叶小乔木 | |

原产欧洲
喜光，较耐阴；喜温暖湿润

摄于巴黎

花叶垂榕
Ficus benjamina 'Variegata' (*F. b.* 'De Gantel')

桑科	榕属
常绿灌木或小乔木	

原产中国

喜光，耐半阴；喜高温高湿，生育适温22～30℃，越冬10℃以上；耐旱

观叶树木

彩叶木（漫画树）
1030
Graptophyllum pictum

爵床科	紫叶属
常绿小灌木	

原产澳大利亚和新几内亚
喜光，亦耐半阴；喜高温多湿，生育适温
20～30℃，越冬15℃以上

锦彩叶木（锦紫叶）
1031
Graptophyllum pictum 'Tricolor' (*G.* 'Rosea Variegata')

爵床科	紫叶属
常绿小灌木	

原产澳大利亚和新几内亚
喜光，耐半阴；喜高温多湿，生育适温
22～30℃

1032	**枫香**（路路通、大叶枫、枫树） *Liquidambar formosana*	金缕梅科	枫香属
		落叶乔木	

产东亚，中国分布极广

喜光；喜温暖至高温，生育适温18～28℃；稍耐旱；耐瘠薄

1033	**北美枫香**（胶皮糖香树） *Liquidambar styraciflua*	金缕梅科	枫香属
		落叶乔木	

分布北美洲

喜光；喜温暖湿润

观叶树木

1034 花叶北美枫香（花叶胶皮糖香树）

Liquidambar styraciflua 'Golden Treasure'

金缕梅科	枫香属
落叶乔木	

原分布北美洲

喜光；喜温暖湿润

1035 黄连木（楷木、黄鹂尖）

Pistacia chinensis

漆树科	黄连木属
落叶乔木	

原产中国、菲律宾

喜光；喜温暖至高温，生育适温15～28℃；耐干旱瘠薄；喜石灰岩山地

1036	**花叶猴耳环** *Pithecellobium dulce* 'Variegata Leaf'	含羞草科	猴耳环属
		常绿灌木至小乔木	

原产美洲热带

喜光；喜高温湿润

1037	**紫叶李**（红叶李） *Prunus cerasifera* 'Atropurpurea' (*P. c.* 'Pissardii')	蔷薇科	李属
		落叶小乔木	

原产我国西南及东南亚

喜光；喜温暖湿润，稍耐寒；较耐湿

观叶树木

1038	**红叶李**	蔷薇科	李属
	Prunus cerasifera 'Newportii'	落叶小乔木	

原产我国西南及东南亚
喜光；喜温暖湿润，稍耐寒；较耐湿

1039	**紫叶矮樱**	蔷薇科	李属
	Prunus cistena 'Passardii' (*P. cistena*)	落叶灌木	

杂交种，法国育成
喜光；耐寒；耐干旱瘠薄，忌涝

1040	**槲栎**		壳斗科	栎属
	Quercus aliena (*Qu. a.* var. *a.*)		落叶乔木	

产我国，广布
喜光，稍耐阴；耐寒；耐干旱瘠薄

观叶树木

1041	**红栎**（红槲栎）		壳斗科	栎属
	Quercus rubra		落叶乔木	

产北美东部及加拿大
喜光，喜温暖，耐旱

红蓖麻（红色皇后）

1042

Ricinus communis 'Sanguineus'
(*R. c.* 'Scarlet Queen', *R. c.* 'Cambodiensis')

大戟科　　蓖麻属

落叶亚灌木

原产非洲热带

喜光；喜温暖至高温，生育适温23～32℃

上海溢桐屋顶花园之一

1043 金叶刺槐（黄叶刺槐）

蝶形花科　刺槐属
落叶乔木

Robinia pseudoacacia 'Aurea' (*R. p.* 'Frisia')

原产北美

喜光；喜温暖湿润，耐寒；耐旱

1044 花叶杞柳—哈诺（花叶柳、彩叶柳）

杨柳科　柳属
落叶丛生灌木

Salix integra 'Hakuro Nishiki'

原产荷兰，我国有栽培

喜光；喜凉爽湿润，耐寒，耐贫瘠，适应性广，
水边生长最佳

摄于新加坡

1045 金雨树

Samanea saman 'Yellow'

含羞草科	雨树属
常绿乔木	

原产美洲热带

喜光，耐半阴；喜暖热湿润

摄于新加坡

1046 金脉爵床（金叶木、黄脉爵床）

Sanchezia nobilis (*Rostellularia n., S. speciosa, Aphelandra squarrosa*)

爵床科	黄脉爵床属
常绿亚灌木	

原产厄瓜多尔、巴西、秘鲁一带

喜光，耐半阴；喜高温多湿，生育适温22～30℃；

不耐旱

1047	银脉爵床（银脉单药花） *Sanchezia speciosa* (*S. glaucophylla, Rostellularia s., Kudoacanthus albonervosa*)	爵床科 黄脉爵床属 常绿亚灌木

产美洲、亚洲热带
喜光；喜高温多湿，生育适温22～30℃；耐旱

1048	川滇无患子（滇皮哨子） *Sapindus delavayi*	无患子科 无患子属 落叶乔木

产我国云南、四川西南部
喜光，稍耐阴；喜温暖湿润

无患子（皮皂子、油患子）

Sapindus mukorossi

无患子科　　无患子属

落叶乔木

原产我国长江流域及以南各省

喜光稍耐阴；喜温暖至高温，生育适温18～30℃

1050	**紫叶假马鞭** *Stachytarpheta jamaicensis* 'Purpurea' (*Clerodendrum quadriloculare*)	马鞭草科	假马鞭属
		常绿亚灌木	

原产中南美洲
喜光；喜高温湿润

1051	**小叶赤楠**（山乌珠） *Syzygium buxifolium* (*Eugenia microphylla*)	桃金娘科	蒲桃属
		常绿灌木	

原产马来西亚、印度尼西亚
喜光；喜温暖耐高温，适温18～30℃

| 1052 | 红楠木 | 桃金娘科 | 蒲桃属 |
| | *Syzygium campanulatum* (*Eugenia oleina, E. myrtifolia*) | 常绿灌木 | |

原产马来西亚、印度尼西亚

喜光；喜高温湿润

| 1053 | 肖笼鸡 | 爵床科 | 肖笼鸡属 |
| | *Tarphochlamys darrisii* | 常绿灌木 | |

产亚洲热带，我国产贵州

喜光；喜高温湿润

1054	**大叶榉**（毛脉榉、黄榉、榉树）	榆科	榉属
	Zelkova schneideriana	落叶乔木	

原产我国，华中、华南、西南广布
喜光；喜温暖至高温，生育适温15～28℃；耐
干旱瘠薄

1055	**光叶榉**（榉树）	榆科	榉属
	Zelkova serrata（*Z. keaki*）	落叶乔木	

我国华中、华东及西南有栽培
喜光；喜温暖湿润，较耐寒；不耐旱

花叶老鼠簕

1056

Acanthus 'Variegated Leaf'

爵床科	老鼠簕属
落叶乔木	

原产亚洲热带，分布印度至中国南部，澳大利亚亦有

喜光，耐半阴；喜高温湿润

三角枫（三角槭）

1057

Acer buergerianum

槭树科	槭树属
落叶乔木	

原产中国、朝鲜半岛、日本

喜光，稍耐阴；喜温暖，生育适温12～25℃；耐水湿

宁波三角枫

1058

Acer buergerianum var. *ningboense*

槭树科	槭树属
落叶乔木	

原产中国、朝鲜半岛、日本

喜光，稍耐阴；喜温暖，生育适温12～25℃；

耐水湿

五角枫（色木槭、地锦槭）

1059

Acer mono

槭树科	槭树属
落叶乔木	

朝鲜、日本、俄罗斯、蒙古有分布

喜光，稍耐阴；喜温凉湿润

1060 复叶槭—银花叶
（花羽叶槭、银边羽叶槭、银边复叶槭）

Acer negundo 'Variegatum' (*A.* 'Argenteovariegatum')

槭树科　　槭树属

落叶乔木

我国华北和东北有栽培

喜光，耐半阴；喜温暖湿润，耐寒

1061 五裂枫

Acer oliverianum

槭树科　　槭树属

落叶小乔木

产我国云南南部及东北部

喜光；喜冷凉湿润；耐旱

1062	**鸡爪槭**（槭树、青枫）	槭树科	槭树属
	Acer palmatum	落叶小乔木	

产中国、日本和朝鲜半岛

喜半日照；喜温暖湿润；耐旱

1063	**红叶鸡爪槭**（红枫、红鸡爪槭）	槭树科	槭树属
	Acer palmatum 'Atropurpureum' (*A. p. f. a.*)	落叶灌木或小乔木	

原产中国、日本和朝鲜半岛

喜半日照；喜温暖湿润；耐旱

红细叶鸡爪槭（红羽毛枫）

1064

Acer palmatum 'Dissectum Ornatum' (*A. p.* var. *d. o.*)

槭树科	槭树属
落叶灌木	

原产中国、日本和朝鲜半岛

喜半日照；喜温暖湿润；耐旱

细叶鸡爪槭（青枫、羽毛枫、塔枫）

1065

Acer palmatum 'Linearilobum' (*A. p.* var. *dissectum*)

槭树科	槭树属
落叶灌木	

原产中国、日本和朝鲜半岛

喜半日照；喜温暖湿润；耐旱

1066	**出猩猩** *Acer palmatum* 'Shyio'	槭树科	槭树属
		落叶灌木或小乔木	

原产中国、日本和朝鲜半岛
喜半日照；喜温暖湿润；耐旱

1067	**紫叶槭** *Acer platanoides* 'Crimson King'	槭树科	槭树属
		落叶乔木	

原产欧洲
喜光；喜温暖至冷凉

金边槭

1068

Acer platanoides 'Drummondii'

槭树科	槭树属
落叶乔木	

原产欧洲
喜光；喜温暖湿润

花叶槭

1069

Acer pseudoplatanus 'Brilliantissimum'
(*A. p.* 'Simon Louis Freres', *A. p.* 'Variegata')

槭树科	槭树属
落叶乔木	

原产欧洲
喜光；喜温暖湿润

1070 花叶米仔兰

Aglaia odorata var. *variegata*

楝科	米仔兰属
常绿灌木	

原产东南亚
喜光；喜暖热湿润

1071 山麻杆（桂圆树）

Alchornea davidii

大戟科	山麻杆属
落叶灌木	

产我国华中、西南地区
喜光；喜温暖湿润，稍耐旱

246

1072 花叶黑面神（白斑叶山漆茎、斑叶山漆茎）

大戟科　黑面神属　常绿灌木

Breynia nivosa 'Roseo-Picta' (*B. disticha*)

原产太平洋诸岛
喜光，亦耐阴；喜高温高湿

1073 红叶紫荆（加拿大紫荆）

苏木科　紫荆属　落叶灌木或小乔木

Cercis canadensis 'Purpurea' (*c. ca.* 'Forest Pansy')

原产加拿大南部及美国东部
喜光，稍耐阴；喜温暖，极耐寒；耐旱；耐盐碱

| 1074 | **朱蕉**（红铁树、红竹、铁树朱蕉） | 龙舌兰科 | 朱蕉属 |
| | *Cordyline fruticosa*（*C. terminalis*） | 常绿丛生灌木 | |

原产大洋洲和中国热带地区，印度东部和太平
洋诸岛也有分布
喜光，亦耐半阴；喜温暖至高温，生育适温
20～28℃，越冬10℃以上

| 1075 | **艳红朱蕉**（亮叶朱蕉） | 龙舌兰科 | 朱蕉属 |
| | *Cordyline fruticosa* 'Aichiaka' | 常绿丛生灌木 | |

原产大洋洲和中国热带地区，印度东部和太平洋诸岛也有分布
喜光，亦耐半阴；喜温暖至高温，生育适温20～28℃，越冬10℃以上

1076 彩叶朱蕉

Cordyline fruticosa 'Amabilis'

龙舌兰科　朱蕉属
常绿丛生灌木

原产大洋洲和中国热带地区，印度东部和太平洋诸岛也有分布

喜光，亦耐半阴；喜温暖至高温，生育适温20～28℃，越冬10℃以上

1077 紫叶朱蕉

Cordyline fruticosa 'Compacta' (*C. rubra* 'C.')

龙舌兰科　朱蕉属
常绿丛生灌木

原产大洋洲和中国热带地区，印度东部和太平洋诸岛也有分布

喜光，亦耐半阴；喜温暖至高温，生育适温20～28℃，越冬10℃以上

黑扇朱蕉
Cordyline fruticosa 'Purple Compacta'

龙舌兰科　朱蕉属

常绿丛生灌木

原产大洋洲和中国热带地区，印度东部和太平
洋诸岛也有分布

喜光，亦耐半阴；喜温暖至高温，生育适温
20～28℃，越冬10℃以上

观
叶
树
木

丽叶朱蕉（三色朱蕉、梦幻朱蕉）	龙舌兰科	朱蕉属

1079 *Cordyline fruticosa* 'Tricolor'
(*C. teminalis* 'Dreamy', *Dracaena marginata* 'T.')

常绿丛生灌木

原产大洋洲和中国热带地区，印度东部和太平
洋诸岛也有分布
喜光，亦耐半阴；喜温暖至高温，生育适温
20～28℃，越冬10℃以上

白纹朱蕉（花叶朱蕉）	龙舌兰科	朱蕉属

1080 *Cordyline fruticosa* 'White'

常绿丛生灌木

原产大洋洲和中国热带地区，印度东部和太平
洋诸岛也有分布
喜光耐半阴；喜高温湿润

| 1081 | **黄栌**（红叶、栌木） | 漆树科 | 黄栌属 |
| | *Cotinus coggygria* | 落叶灌木或小乔木 | |

原产我国华北、西北、西南地区，以及西亚、
南欧
喜光，耐半阴；喜冷凉至温暖；耐干旱瘠薄；
耐碱性土壤

| 1082 | **毛黄栌** | 漆树科 | 黄栌属 |
| | *Cotinus coggygria* var. *pubescens* (*C. c.* var. *cinerea*) | 落叶灌木或小乔木 | |

原产我国西南、华北和浙江
喜光，耐半阴；喜冷凉至温暖；耐干旱瘠薄；
耐碱性土壤

1083 花密叶竹蕉 〔花叶太阳神〕

Dracaena deremensis 'Variegata'

龙舌兰科　　龙血树属

常绿灌木状

原产非洲热带

喜半日照，较耐阴；喜温暖至高温，生育适温
20～28℃，越冬10℃以上，极耐湿亦耐旱

1084 黄纹银线竹蕉（黄纹银线龙血树）

Dracaena deremensis 'Warneckii Striata'

龙舌兰科　　龙血树属

常绿灌木

原产非洲热带

喜半日照，耐阴；喜温暖至高温，不耐寒

银线竹蕉（银线龙血树）

龙舌兰科 **龙血树属**

Dracaena deremensis 'Warneckii'

常绿灌木

原产非洲热带

喜半日照，耐阴；喜温暖至高温，不耐寒

上海街心花坛之一

观叶树木

七彩龙血树（七彩竹蕉）

1086

Dracaena marginata 'Salicifolius'

龙舌兰科　龙血树属

常绿灌木

原产马达加斯加

喜光，亦耐半阴；喜高温多湿，生育适温
20～28℃，越冬10℃以上；耐旱

三色龙血树（三色铁）

1087

Dracaena marginata 'Tricolor'

龙舌兰科　龙血树属

常绿灌木

原产马达加斯加

喜光，亦耐半阴；喜高温多湿，生育适温
20～28℃，越冬10℃以上；耐旱

| 1088 | **花叶胡颓子** | 胡颓子科 | 胡颓子属 |
| | *Elaeagnus pungens* 'Maculata' | 常绿灌木 | |

原产我国长江以南各省
喜光；喜温暖湿润；耐旱

| 1089 | **黄脉刺桐** | 蝶形花科 | 刺桐属 |
| | *Erythrina indica* var. *picta* (*E. variegata* 'V.') | 落叶小乔木 | |

原产亚洲热带
喜光；喜暖热；耐旱

1090　俏黄栌（非洲黑美人、非洲红、紫锦木、红乌桕）

Euphorbia cotinifolia（*E. caracasana*）

大戟科　　大戟属

常绿灌木或小乔木

原产西印度群岛、墨西哥及南美诸国

喜光；喜高温，生育适温23～32℃；耐旱

1091　步步高

Ficus benjamina 'Step to Step'

桑科　　榕属

常绿灌木

原产中国

喜光，亦耐半阴；喜温暖至高温

印度榕（印度胶榕、橡皮树、印度橡皮树）

Ficus elastica

桑科	榕属
常绿大乔木	

原产印度、印度尼西亚、马来西亚

喜光，亦耐阴；喜高温高湿，生育适温
22～32℃，越冬5℃以上；耐旱

观叶树木

258

1093 黑叶印度榕（黑叶橡皮榕）〔黑金刚〕

Ficus elastica 'Decora Burgundy' (*F. e.* 'Black Burgundy', *F. e.* 'Abidjan')

桑科　　榕属

常绿乔木

原产印度、印度尼西亚、马来西亚

喜光，亦耐阴；喜高温高湿，生育适温

22～32℃，越冬5℃以上；耐旱

1094 美叶印度榕（美叶缅树、白边橡胶榕）

Ficus elastica 'Decora Tricolor' (*F. e.* 'Asahi')

桑科　　榕属

常绿乔木

原产印度、印度尼西亚、马来西亚

喜光，亦耐阴；喜高温高湿，生育适温22～32℃，

越冬5℃以上；耐旱

1095	**花叶印度榕**（花叶缅树）	桑科	榕属
	Ficus elastica 'Variegata'	常绿乔木	

原产印度、印度尼西亚、马来西亚

喜光，亦耐阴；喜高温高湿，生育适温
22～32℃，越冬5℃以上；耐旱

1096	**木本婆婆纳—硬币**（长阶花—硬币）	玄参科	木本婆婆纳属
	Hebe 'Silver Dollar'	亚灌木	

原产欧洲

喜光；喜温暖湿润；亦耐旱

1097　黄金榕

Ficus microcarpa 'Golden' (*F. m.* 'G. Leaves', *F. nitida* 'G. L.' , *F. n.* 'G.')

桑科　榕属

常绿小乔木

原产中国、东南亚、大洋洲

喜光；喜高温高湿，生育适温22～32℃；极耐旱，耐湿

1098　金边木本婆婆纳（金边长阶花）

Hebe 'Golden'.

玄参科　木本婆婆纳属

亚灌木

原产欧洲

喜光；喜温暖湿润；亦耐旱

| 1099 | **迷人木本婆婆纳**（迷人长阶花、骨诱伞） | | 玄参科 | 木本婆婆纳属 |
| | *Hebe speciosa* | | 亚灌木 | |

产欧洲
喜光；喜温暖湿润

| 1100 | **鹅掌楸**（马褂木） | | 木兰科 | 鹅掌楸属 |
| | *Liriodendron chinense* (*L. tulipifera* var. *ch.*) | | 落叶乔木 | |

产我国长江流域及以南各省
喜光；喜温暖湿润，可耐-15℃低温；喜酸性、
微酸性土壤

1101 杂交鹅掌楸（杂交马褂木） 木兰科 鹅掌楸属

Liriodendron tulipifera-chinense (*L. t.* × *ch.*) 落叶乔木

杂交种

喜光；较耐寒；不耐干旱，不耐积水

1102 花叶木薯（斑叶木薯、台湾金币、五彩树薯） 大戟科 木薯属

Manihot esculenta 'Variegata' (*M. e.* var. *v.*) 常绿灌木

原产美洲热带

喜光；喜高温，生育适温20～30℃；耐旱

1103	**小花圆叶南洋森**（小圆叶南洋森） *Polyscias balfouriana*	五加科	南洋森属
		常绿灌木	

原产马尔加什

喜光，亦耐半阴；喜高温多湿，生育适温
20～28℃，越冬8℃以上；极耐旱

1104	**银边圆叶南洋森**（花叶南洋森、白雪福禄桐） *Polyscias balfouriana* 'Marginata'	五加科	南洋森属
		常绿灌木	

原产南太平洋和亚洲东南部

喜光，亦耐半阴；喜高温多湿，生育适温
20～28℃，越冬9℃以上；极耐旱

观叶树木

| 1105 | **裂叶南洋森**（裂叶假沙梨、线叶南洋森、羽叶南洋杉、羽叶福禄桐、幸福树） | 五加科 | 南洋森属 |
| | *Polyscias fruticosa* | | 常绿灌木 |

产马达加斯加至太平洋诸岛

喜光；喜温暖至高温，不耐寒；喜湿润，亦耐旱

| 1106 | **芹叶南洋森**（芹叶福禄桐、五叶福禄桐） | 五加科 | 南洋森属 |
| | *Polyscias guifoylei* 'Quinquefolia' | | 常绿灌木 |

产东南亚

喜光，亦耐阴；喜高温湿润

1107	三叶南洋森（三叶福禄桐）	五加科	南洋森属
	Polyscias trifolia	常绿灌木	

产东南亚

喜光，亦耐半阴；喜高温湿润

1108	花叶南洋森（花叶福禄桐）	五加科	南洋森属
	Polyscias guilfoylei 'Variegatus'	常绿灌木	

原产波利尼西亚、太平洋诸岛

喜光，亦耐阴；喜高温多湿，亦极耐旱，生育

适温20～30℃，越冬10℃以上

观叶树木

1109 圆叶福禄桐（圆叶南洋森）

Polyscias scutella (Polyscias pinnata, P. balfouriana, Ipolyscia s.)

五加科　南洋森属

常绿灌木

产太平洋诸岛和东南亚

喜光，亦耐半阴；喜温暖湿润。

1110 中华红叶杨

Populus euramericana 'Zhonghuahongye'

杨柳科　杨属

落叶乔木

栽培品种

喜光；喜温暖湿润

1111	**檫木**（梓木）	樟科	檫木属
	Sassafras tzumu	落叶乔木	

产我国长江流域、华南、西南

喜光，不耐阴；喜温暖湿润；喜酸性土壤

1112	**斑叶香港鹅掌藤**（斑卵叶鹅掌藤）	五加科	鹅掌柴属
	Schefflera arboricola 'Hong Kong Variegata'	常绿灌木	

原产中国

喜半日照，怕强光；喜温暖湿润，不耐寒；忌
干旱和积水

1113 斑裂鹅掌藤
Schefflera arboricola 'Renate Variegata'

五加科　鹅掌柴属
常绿半蔓性灌木

原产中国
喜半阴；喜高温多湿，生育适温20～30℃，越
冬6℃以上；耐旱；喜微酸性土壤

1114 白斑鹅掌藤
Schefflera arboricola 'White'

杨柳科　鹅掌柴属
常绿半蔓性灌木

原产中国
喜半阴；喜高温多湿，生育适温20～30℃，越
冬7℃以上；耐旱；喜微酸性土壤

<table>
<tr><td>1115</td><td>**金叶南洋鹅掌藤**（金叶鹅掌藤）
Schefflera elliptica 'Golden Variegata'</td><td>五加科</td><td>鹅掌柴属</td></tr>
<tr><td></td><td></td><td colspan="2">常绿灌木</td></tr>
</table>

栽培品种

喜光，亦耐阴；喜温暖至高温；喜湿润，亦
耐干旱瘠薄

<table>
<tr><td>1116</td><td>**欧洲金叶鹅掌藤**
Schefflera 'Golden Folia'</td><td>五加科</td><td>鹅掌柴属</td></tr>
<tr><td></td><td></td><td colspan="2">常绿灌木</td></tr>
</table>

栽培品种

喜光，亦耐阴；喜温暖至高温；喜湿润，亦
耐干旱瘠薄

观
叶
树
木

1117 红枝鸡爪槭
Acer palmatum 'Rubrum'

| 槭树科 | 槭树属 |
| 落叶灌木 | |

原产中国、日本和朝鲜半岛
喜半日照；喜温暖湿润；耐旱

1118 红瑞木（红山茱萸、红梗木）
Cornus alba (*Swida a.*)

| 山茱萸科 | 梾木属 |
| 落叶灌木 | |

原产俄罗斯西伯利亚、朝鲜及中国北
方
喜光；喜冷凉至温暖，生育适温
16～25℃；耐潮湿

1119	花叶红瑞木	山茱萸科	梾木属
	Cornus alba 'Variegatus'	落叶灌木	

栽培品种

喜光；喜冷凉至温暖湿润，生育适温16～25℃

摄于德国

观叶树木

1120	金枝槐（黄金槐、金丝槐、金枝国槐）	蝶形花科	槐属
	Sophora japonica 'Golden Stem' (*S. j.* cv. *g. s.*, *S. j.* cv. *g.*)	落叶灌木或小乔木	

原产中国

喜光，略耐阴；极耐寒；耐干旱瘠薄

272

拉丁名索引

拉丁名索引

拉丁名索引

拉丁名索引

拉
丁
名
索
引

中文名索引

中
文
名
索
引

科属索引

科
属
索
引

后记

本书收集了生长在国内外的观赏植物3237种（含341个品种、变种及变型），隶属240科、1161属，其中90%以上的植物已在人工建造的景观中应用，其余多为有开发应用前景的野生花卉及新引进待推广应用的"新面孔"。86类中国名花，已收入83类（占96%）。本书的编辑出版是对恩师谆谆教诲的回报，是对学生期盼的承诺，亦是对始终如一给予帮助和支持的家人及朋友的厚礼。

本书的编辑长达十多年，参与人员30多位，虽然照片的拍摄、鉴定、分类及文稿的编辑撰写等主要由我承担，但很多珍贵的信息、资料都是编写人员无偿提供的，对他们的无私帮助甚为感激。

在本书出版之际，我特别由衷地感谢昆明植物园"植物迁地保护植物编目及信息标准化（2009ＦＹ1202001项目）"课题组及西南林业大学林学院对本书出版的赞助；感谢始终帮助和支持本书出版的伍聚奎、陈秀虹教授，感谢坚持参与本书编辑的云南师范大学文理学院"观赏植物学"项目组的师生，如果没有你们的坚持奉献，全书就不可能圆满地完成。

最后还要感谢中国建筑工业出版社吴宇江编审的持续鼓励、帮助和支持，感谢为本书排版、编校所付出艰辛的各位同志，谢谢你们！

由于排版之故，书中留下了一些"空窗"，另加插图，十分抱歉，请谅解。

愿与更多的植物爱好者、植物科普教育工作者交朋友，互通信息，携手共进，再创未来。

编者

2015年元月20日